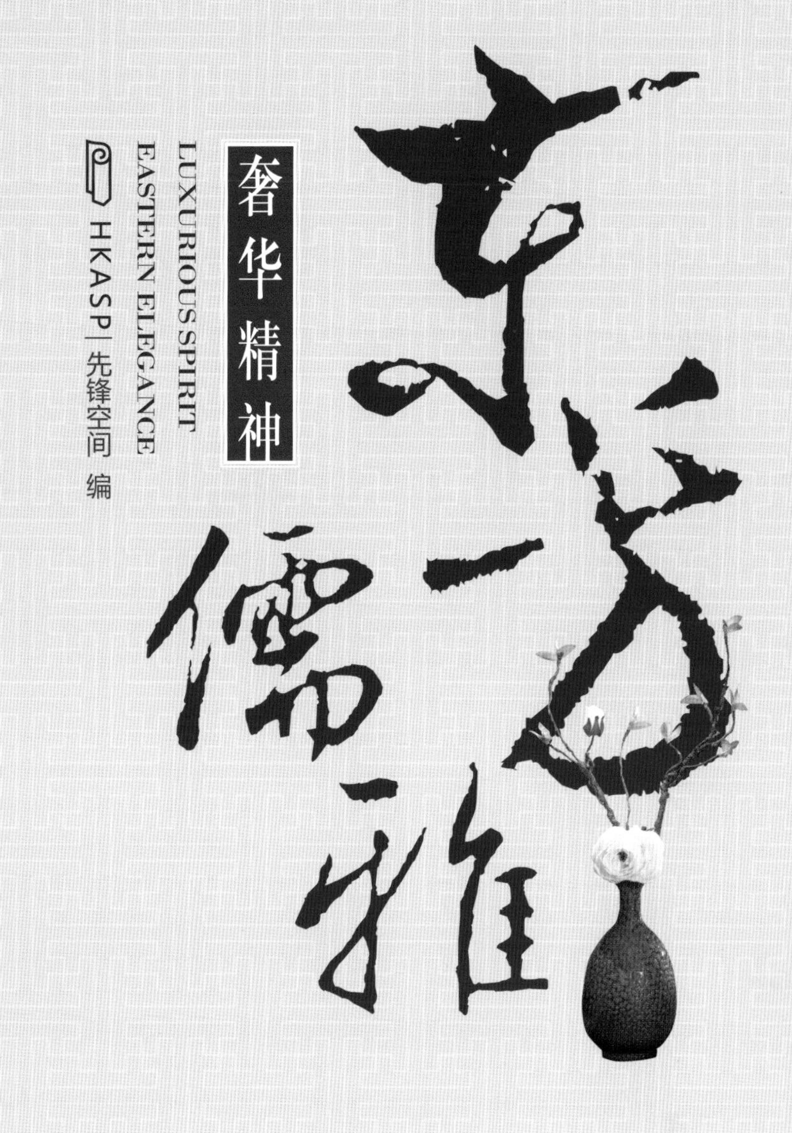

華中科技大學出版社
http://www.hustp.com
中国 · 武汉

中国设计的创新与突破建立在共同的文化自信基础之上

HKASP | 先锋空间：

您设计的诸多中式酒店项目中显现着对中国传统文化独到的见解。请谈谈您怎样定义中国的精英文化？

我觉得精英文化是中国传统文化在当代的发掘。中国传统文化是很广泛的概念，从做人做事到行为习惯，都要有文化修养。作为中国人，我们从小就接触中国的传统文化，并且对我们的工作和生活有根深蒂固的影响。但是现在因为受西方文化的冲击，很多年轻人盲目崇尚西方文化，模仿日、韩等明星，导致他们失去了对传统文化的认识和自信。

现在，随着中国国际地位的提升和综合国力的增强，中国人的文化自信逐渐提高，中国的精英阶层也更加认识到中国传统文化的魅力，并逐渐将其融入到自己的生活当中。当代精英对中国传统文化的运用可分为入世和出世两种。入世，比如一些人把中国的儒家思想运用在做生意上，与人交往讲究仁义礼智信，在事业上取得很大的成功。出世，比如很多人在养生方面会引用道家“天人合一”“物我两忘”的思想，还有的人虔心学佛，行善积德，在修行上达到新的境界，这是传统文化在现代的运用，隐士文化也是精英文化的一种体现。

精英文化的发掘是一个不断建立文化自信的过程。这一点还体现在设计师的创作上。以前很多设计师在做设计的时候，去抄袭、模仿，没有从根本上去理解传统文化，或者说是精英文化。其实中国的精英文化是从小就扎根在你的脑子里的，你受传统文化影响的时候，你的为人处世，你的家庭观念，以及对工作、事业、设计的态度已经悄然地形成，当你去正视它、领悟它的时候，它会自然地表现在你的作品里。

专 访
刘 波
PLD 刘波设计顾问有限公司创始人

HKASP | 先锋空间：

您印象中的中国精英阶层的理想生活方式是怎样的？请从精英阶层的生活需求和精神层面具体谈谈。

我认为真正精英阶层的追求不仅仅只停留在物质层面上，也不是开什么样的车、住什么样的房子这样简单，而是有更多精神层面的追求。精英阶层的理想生活模式应该有一个很好的家庭，能够把家庭和事业都处理得很好。除了自己的工作以外还有其他的兴趣，并且对社会有责任感。比如，你的公司经营得很好，可以为国家纳税，并且为一些人解决就业问题，同时也包括积极参与社会活动。

HKASP | 先锋空间：

在文化多元化的发展趋势下，中国的精英文化怎样得以传承并发展壮大？

怎么去传承和发展，我觉得这是一个自然的趋势，不一定要做什么，因为中国发展到这个阶段，或者说中国的设计发展到现在，自然就要去追求这种回归自然的东西，追求精神层面的东西。

我们做了 20 多年的设计，从 20 世纪 90 年代初到现在，随着时代的发展，业主的需求发生了很大的变化。我们说的精英阶层，也就是成功人士，他们对生活的追求也会相应地发生一些变化，这也体现在不断变化的酒店设计上。

20 世纪 90 年代，客户对酒店的认识并不是很深的，对酒店的设计概念也很模糊。从 2000 年开始，精英阶层的财富有一个很大的增长，开始注重享受生活，热衷于西方的建筑。这一时期，我们 95% 的客户对酒店设计的要求几乎都是一样的，酒店的设计以欧式风格为主。2005˜—2010 年，这个时期开始出现不同的声音，开始有地产商说要一些中式的，或现代的。

2010˜—2015 年，很多精英阶层要求回归自然，这也从某个方面反映了中国人的文化自信不断增强了，不会再一味地强调和模仿西方富丽堂皇的设计，而是会更多地考虑舒适性和文化性了。

现在的精英阶层，在物质方面有所积累，眼界开阔，他们出国去看，自己会有辨别，他们渐渐发觉，其实中国有很多好东西，中式建筑更适合自己，同时也更有意蕴。作为我们设计师，你看到业主的需求是这样的，为了满足他们的需求也慢慢地这样去做了，所以在潜意识里也影响了当今精英阶层的生活模式。当大家不断地认同这样的生活模式时，这种文化自然会得以延续并发展壮大。

HKASP | 先锋空间：

以您设计的经验，具体谈谈您是如何营造中式氛围，以满足现代精英阶层的需求？

首先，你需要对项目的建筑、园林的风格有一个全面的了解，使室内设计与整体建筑风格相融合。中式的设计与欧式的设计有很多的区别,。比如，欧式的园林的讲究的是横平竖直，其构成元素都是线和面，它的小情趣很少，而在中国的景观园林中小情趣很多，还有很多借景的手法在里面。所以，我觉得做中式的酒店一定要去了解中国建筑的结构和特色，以及景观园林的特征，最好从建筑设计开始就能参与和融入这个项目，跟建筑师和景观设计师一起去完成整个项目，这样做有助于保证项目内外风格的统一。

其次是在设计中融入故事。做好一个设计，营造一种氛围，还要学会在设计中融入故事，理解当地的文化并很好地转移于项目中，使得空间更有内涵。比如，你去英国的剑桥或圣安德鲁的一个地方，如果不了解剑桥的历史，只会觉得这个建筑好漂亮，但也不知道为什么。或者你在剑桥看到康河，会觉得它和中国的长江黄河相比，真的不算什么，但它就是有很多故事，浪漫的或悲情的，让人浮想连篇。或者你去圣安德鲁的小镇，如果不了解高尔夫球的发源地就是那里，也不知道为什么那些人在那里很享受他们的生活。再比如，我知道有很多留学生在剑桥的一棵大树下照相，如果你不知道牛顿坐在这颗树下被一个掉落的苹果砸中而发现了万有引力的故事，你看到的就只是一棵树，而不会知道这其中的内涵。

所以，在做设计之前我们都会到当地做一些考察，对当地的历史、文化、风俗习惯有一定的了解，这是一个必经的过程。在做酒店设计时，不能只摆几个中式的茶几，就说这是中式酒店，你需要融入一些当地的文化，融入一些故事元素在设计中，才能让这个酒店更生动传神。

HKASP | 先锋空间：

在您众多优秀的酒店设计案例中，能跟我们分享一下设计过程以及表现方式吗？

比如说海口的万豪酒店，开发商希望做一个有中国文化意蕴的酒店，建筑师是美国人，但是他融入了中国古代建筑的理念，所以这个项目看起来有点像唐朝的。为了确保项目的建筑外观和室内风格的统一，我们在做设计的时候 ，会和建筑师和管理公司一起讨论。比如宴会厅，我们在顶部做了比较中式的木结构屋顶，同时考虑了拉伸空间的功能性。中餐厅采用中式的元素，如青砖和红色的油漆。

营造中式的空间氛围，可以有很多的方式，比如说用颜色、饰品，或者它的空间本身就是中国的一个图形。颜色，比如墨绿色、红色都是中国经典的传统颜色，人们通过视觉就会感觉到这是一个有中国文化的东西。

HKASP | 先锋空间：

中国的室内设计艺术需要开创自己的道路，在世界设计潮流中应如何突破与创新？

首先，设计师要正确地引领潮流。中国室内设计的崛起、创新和突破实际上是和我们国家的综合国力是相结合的。当国家强大的时候，我们国家的企业、文化自然就会强大了。所以作为当代的设计师，我们要做的就是趁着中国现在这么好的环境，要有自己的文化自信，我们要做有自己文化传统的设计。我们也可以做一些很现代很欧美的东西，但前提是，要知道，我们只是去模仿别人，不要跟着别人的潮流走，我们要坚持自己的文化。所以要突破和创新，就是说我们有这种自信以后，我们要坚持做自己有创新的酒店，以富有文化内涵的作品来带领大家的潮流，我觉得这样就自然会有创新和突破。

其次，建立一个共同的文化自信。中国地大物博，有那么多有特色的地方，比如云南、、新疆、、海南，或者西藏，它们都有各自独特的地域文化。在项目设计中，我们要注重文化理念的传承、保护或者说是创新。比如在云南做一个酒店项目，我希望发展商、酒店的客户、或者说投资商，而不仅仅是设计师，都要理解，在那个地方，我们要做的项目要能够富有当地独特的地域文化，并且赋予这个项目该有的灵魂，而不是投资商说要在这里做一个欧式的建筑。

我觉得文化自信是一个很大的题目，不只是设计师、精英阶层，包括投资商、地产商、开发商都应该参与到这个话题的讨论中来。当大家都有了一个共同的文化自信，中国设计才能更好地去传承、突破和创新。

回归慢生活，回归大自然就是最好的突破

HKASP | 先锋空间：

您设计的诸多酒店中处处显现着对中国传统文化独到的见解。您认为中国传统文化的精髓是什么？

中国传统文化源远流长，我认为其精髓就是大道至简，唯美至上。对我们自身而言，天地有大爱，慢下来，每个人都需要回归到返璞归真的生活就此产生了对中国文化的深刻理解。以檀悦豪生度假酒店为例，该项目是位于惠州双月湾海边的度假酒店，整体设计以新东方主义文化为主题，我们之所以采用这种设计风格，其原因基于以下两点：第一，酒店的周边环境并无新中式风格，需要找到市场竞争力的特点和酒店之间的差异性；第二，檀悦酒店管理公司将“檀”寓意为“禅”，“悦”即“取悦于顾客”，这是酒店管理公司遵循的东方意境和追求，将东方思想融入到酒店品牌文化中去。同时，这也是我们对檀悦酒店定位的具体应用。另外设计的张家界禾田居度假酒店，又以土家风情为主，吊脚楼的建筑形式做设计，将土家族深远的民族文化、民俗风情融入到整体的设计中，回归到田园生活的体验中去。

我认为不论是骨子里的还是眼睛所看到的，都是我们现在感受到的东方生活。在设计时，我们挖掘出来其中的一个设计点就够了，然后由此慢慢延伸。首先要考虑的是地域文化，这是最关键的，也是最能体现酒店的生命力，在设计过程中全方位的将这种存在感挖掘出来。这和“看山不是山，看水不是水”的道理是一样的，然后慢慢转化，如同自然生长的一样。事物的成长都是有根基的，比如在山里建一座欧式建筑，会给人一种不协调的感觉。返璞归真，回归自然，这就是我在做设计时最想要表达出来的东西。

专　访
陈振东
MEGA（百达国际设计顾问有限公司）负责人

HKASP｜先锋空间：
您印象中的中国式的理想生活方式是怎样的？请从生活需求和精神层面具体谈谈。

我认为我们的精神境界一直是存在的，并且是独一无二的，中国式的优雅生活就是指的东方文化中的体现形式。除了优雅之外，还有另外两大特点就是简约，追求自然。简约并不简单，从简单中发挥出很多想象力，从自然中发现美。一句话，我理解的中国式的优雅生活就是优雅、简约、自然的生活状态。琴棋书画茶，这就是我们追求的中国式的优雅生活方式，同时也流露出我们的生活状态。
除此之外，每个人都要有一种精神追求，只不过是因人的年龄和性格而不同。有时我们迫于生活的压力和物质追求，而忽视了自己的精神追求，这恰恰就是我们需要重拾的东西。把工作安排得很有条理，这是物质生活得具体体现。除了物质生活外，精神生活一定是不容忽视的，否则生活会很匮乏。
但想要真正地体会慢生活是一件不容易的事情，调整好自己的心态也是东方文化很重要的一部分。这也跟个人的性格和目标有一定的关系，都是影响心态的因素。

HKASP｜先锋空间：
怎样将人的情感融入到设计中？

作为设计师，我们在做设计时不仅需要考虑空间设计，还要考虑到情感设计。单纯地把某一出空间表达出来是件很容易的事情，而当我们完成了空间设计，把元素撤出来之后，保存下来的就是情感。每个空间的角落都是可以与人对话的。在做项目设计的时候也是一样，每一个空间的设计都带动着人的情绪，从高潮到缓和的起伏过程。无论是室内设计还是服装设计，每一种设计都是相通的，包括音乐，都是有一定的旋律的。人人都是自己的设计师，因为都有自己对美的追求和理解。

HKASP | 先锋空间：

在文化多元化的发展趋势下，中国的传统文化怎样得以传承并发展壮大？

从最近几年，对中国传统文化的传承尤为突出。从建筑上的变化到每届的米兰家具展，再到世博会，无时无刻不蔓延着中国的传统文化。奥运会之前，传统文化的发扬是比较内敛、含蓄的，技术方面也缺乏挑战。奥运会过后，我个人认为，库哈斯设计的中央电视台大楼，再到深圳的证券交易大厦的设计，随处都在表达着对东方传统文化的传承和技术的挑战，也带动了建筑的另外的体现形式，可以方的、斜的、弧形的 ……另外，中国的木雕、砖雕、大红灯笼，还有茶道、花艺等等，都是我们传承的重要元素。

我认为，中国如今到了文化输出阶段了，已从中国制造转变为中国设计，上海世博会就是对中国文化输出的重要体现。最近几年，米兰家具展的中国展区都很大，其中也有很多相当不错的中国作品。

在文化传承这件事上，我们需要更多地学习精工细作的匠人精神。其实设计师自身也在传承着东方文化，这一点，我们要学习日本的工匠精神。另外，台湾地区对传统文化的传承也是我们学习的方向。我们设计师要用自己的眼睛发现需要传承的东西，并将他们转化到设计作品中。

HKASP | 先锋空间：

以您设计的中式酒店作品为例，具体谈谈如何将中国传统文化精髓转译于空间设计中，以满足现代人的需求？

就檀悦豪生度假酒店而言，我们想表达的是新中式风格，并与结合当地客家的传统元素相结合。我们采用了当地客家的瓦雕、瓦当及木格图案、花格，这都是我作为客家人对客家的记忆。同时也运用了柱廊，来表达我们想要的庭院生活。关于过廊的设计，我们采用比较中式的中庭结构，走在庭院中，给人一种连廊的感觉。旁边还有荷花、流淌的小溪和灯笼，把这些具有意境的元素融入到空间设计中去。由于项目位于海边，捕鱼生活是当地客家人的一种生活方式，在餐厅中，我们采用当地撒网捕鱼文化的方式，把它迁移到空间设计中，打造了一处“网鱼”的餐饮特色空间。

HKASP | 先锋空间：

中国的室内设计艺术需要开创自己的道路，这必须建立在传统文化的基础之上。请您谈谈中国传统文化在未来的设计趋势中如何突破与创新？

说到突破，每个设计师都在突破，只不过每个人的突破点和方向不同。比如，我们会在不同的地方表现出不同特色的地域文化。檀悦豪生酒店是在惠东客家镇上，给人一种海滨小镇的感觉；而位于张家界的禾田居度假酒店项目则是土家风情文化的演绎。我们现在正在做的贵阳镇远古镇上的项目上表现的是苗族风情的演绎，广东省从化财富公馆精品酒店的一个项目则带有岭南风情的主题。

这些案例都是从中国各个地域不同的文化中找到突破口，这就是我们所说的做酒店首先要考虑到地域文化。由此我们可以看到每个民族都是很伟大的。要回归到当地的生活方式中，然后将这些生活体验总结出来，融合现代的精神，逐步转化到设计项目中。因此，在做酒店设计之前，我们都会对当地的文化背景做出调查，包括建筑、宗教、民俗、食物等等。因为酒店覆盖吃喝玩乐和欣赏，样样俱全，我们会花大量的时间去寻找适合当地设计的元素，然后将这些抽象的感受转化为设计语言。从中发现各地的民族特色。

这种转化不是一件容易的事情，如同一个瓶颈需要跨过去。这和舞蹈、音乐有一定的相似之处，舞蹈以舞蹈的形式表达，音乐以韵律的形式表达，而我们设计师以空间的形式来表达体验感。事物还是原本的事物，最终回归简单的本真，生活的原色。

总之，回归生活、回归大自然就是最好的突破。

目 录

014 杭州万科郡西别墅

030 江山红叶酒店

048 海口万豪酒店

066 贵安溪山温泉度假酒店

080 张家界禾田居度假酒店

014 HANGZHOU VANKE JUNXI VILLA

030 MAPLE HOTEL

048 HAIKOU MARRIOTT HOTEL

066 GUIAN XISHAN HOT-SPRING RESORT HOTEL

080 ZHANGJIAJIE HARMONA RESORT & SPA

江西恒茂度假酒店 092

福建泉州万道集团紫云台会所 106

绿地法兰西世家展示中心 116

无锡灵山小镇·拈花湾售楼中心 124

天地人和 - 雒城汇 140

天津便宜坊 150

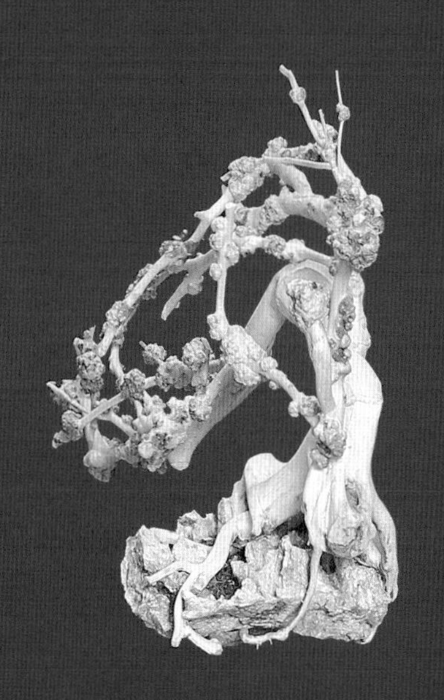

JIANGXI HENGMAO RESORT HOTEL 092

FUJIAN QUANZHOU WONDERS ZIYUNTAI CLUB 106

GREENLAND FRENCH LEGEND DISPLAY CENTER 116

WUXI • LINGSHAN TOWN NIANHUA BAY SALES CENTER 124

TIAN DI REN HE - LUOCHENG HUI 140

TIANJIN BIANYIFANG 150

陕西柞水麓苑国际大酒店 160

潍坊铂尔曼酒店 174

济宁万达嘉华酒店 190

天水玥秘境锅物殿 202

摩登中国风 212

金地国际公寓售楼中心 222

160 SHAANXI SHAZHUI LUYUAN INTERNATIONAL HOTEL

174 WEIFANG PULLMAN HOTEL

190 WANDA REALM JINING HOTEL

202 TIANSHUIYUE FAIRYLAND HOT-POT RESTAURANT

212 MODERN CHINOISERIE

222 GEMDALE INTERNATIONAL APARTMENT SALES CENTER

檀悦豪生度假酒店 232

搁月半山样板房 242

丽江瑞吉度假酒店 252

金泰来名车茗茶坊 274

西安皇冠假日顶级会所 284

李公馆私人会所 294

SANDAWOODS HOT SPRING RESORT HOTEL 232

MOON & HILL RESIDENCE MODEL HOUSE 242

LIJIANG ST. REGIS RESORT VILLA 252

JINTAILAI TEA HOUSE (CAR MAINTENANCE CENTER) 274

XI'AN CROWNE PLAZA HIGH-END CLUB 284

MR. LEE'S PRIVATE CLUB 294

HANGZHOU VANKE JUNXI VILLA
杭州万科郡西别墅

设计公司：LSDCASA/ 设计师：葛亚曦、彭倩、蒋文蔚、潘翔 / 地点：浙江省杭州市 / 面积：640 平方米

项目概况

万科杭州良渚文化村食街里“食堂”的“打饭”方式和“搪瓷缸”，以及安藤忠雄设计的美术馆，让我们看到万科和建筑师们的理念。关于建筑的记忆，不只是来自一栋栋建筑，更是来自一个“地方”。万科在“营造地方”，唤醒庭院和邻里的记忆，唤醒文化之于生活的价值，奋力构建美的可能，而这些正是现今中国建筑师最根本的使命和责任。良渚文化村的建筑师知道，建筑师是文明的守护者。我们的室内设计正是在这一前提下开始的，这使得我们心生喜悦。

元素运用

LSDCASA 团队决定撷取一些能够构筑符合当代美学习惯的、体现名仕阶层和儒家礼制的元素，如良渚文化中圆润、温和的玉石，以清汤亮叶闻名遐迩的西湖龙井，清可绝尘、浓能远溢的桂花，烟雨朦胧的西湖美景等。这些都是典型的、带有杭州特色的元素，恰到好处地诠释了杭州的城市特征。试想，在梦幻般的西湖边安静地坐上整个下午，一边品着上好的龙井，一边欣赏着美景，还有什么比这更舒适的呢？而这一切均能够在本案中得到实现。室内随处可看到桂花婀娜的踪影，或稀疏，或浓密，各具特色，可谓“浓妆淡抹总相宜”。

色彩搭配

我们将当代代表性自然意趣元素进行演绎和加工。玉石的温润色调，西湖龙井的青绿撷取出来，形成主色调与点缀色调。室内的每一处角落都不乏一丝绿意，这种青绿色似乎是从杯中的龙井渗透出来的一样，染透了沙发、茶几、挂画等。同时，一抹橘红、一缕蓝也提亮了空间的色调，增添了几分生气与活泼。除此之外，空间还大量运用灰色，体现了其低调、奢华的气韵。烟雨江南的美幻化成水墨，辅以各种精致、雅趣的玩物，日常生活元素皆成为经典的美学意象，托物言志，自然地将中式的力量与意趣呈现出来，营造了一个看似朴素、温和，却拥有气度与涵养的居所。

设计理念

建筑和居住文化笼罩着世俗的功能主义，或曲解艺术，或充斥着复兴主义。无论美式风格、佐治亚风格或地中海风格，这类建筑推翻了艺术最严肃的抱负，对西方传统风格的演绎侵占了大众的生活。我们尝试守护基于文明和教养的品位，传承万科良渚文化村建造者的意志，激发热情、示范美好的体验。

历史中将杭州地区归纳为江南，南宋是华夏文明最后的高潮，拥有比唐代更有文化修养的阶级。孔子讲“君子惠而不费，劳而不怨，欲而不贪，泰而不骄，威而不猛”。而表现形式和美学趣味一直在演变，从北宋的“无我之境”再到南宋的“有我之境”可类比西方印象派的源起，从描摹世界转向关注世界再到主观的感受和发现，表达出某种较为确定的诗意和情调。诗，素以含蓄为特征，有诗意的画，所谓“含不尽之意见于言外。”设计传承温润如玉、清风傲骨的知识分子情怀，舍宋词中西湖的妍姿幽态，取中正平衡，结合创新，结果出人意表，却又和谐自然，彰显不怨、不贪、不嗔、不骄。

空间布局

建筑不只是空间设计，不是量体，不是如何组织体积，这些都附属在重点之下，而重点是如何组织起整个行进过程，建筑只存在于时间中。——这是赖特强调的“走过建筑”的概念。高且密的竹林小道，形成的静逸情绪延续到紧致花园，直到步入室内玄关。落地玻璃让室外花园成为借景，设计师在此用深色木作、工整的线条、严谨静态的摆放，造成时间的停顿和空间的逼仄，为进入客厅和餐厅的舒畅、宽阔作铺垫。

客厅壁纸设计有外墙质感，进一步把花园泳池和客厅空间，在感受上变成一体。行进至家庭房区域，用“亭台”的设计语言模糊了空间的界线，让室内室外再一次相互交融。

下行至负一楼，仅留远景墙面的间接自然光，虚实、对比的书画手法，在空间内体现，制造空间的安宁和温暖的同时，在审美层面连接传统意境。

LANDSCAPE INFRASTRUCTURE
LANDSCAPE INFRASTRUCTURE

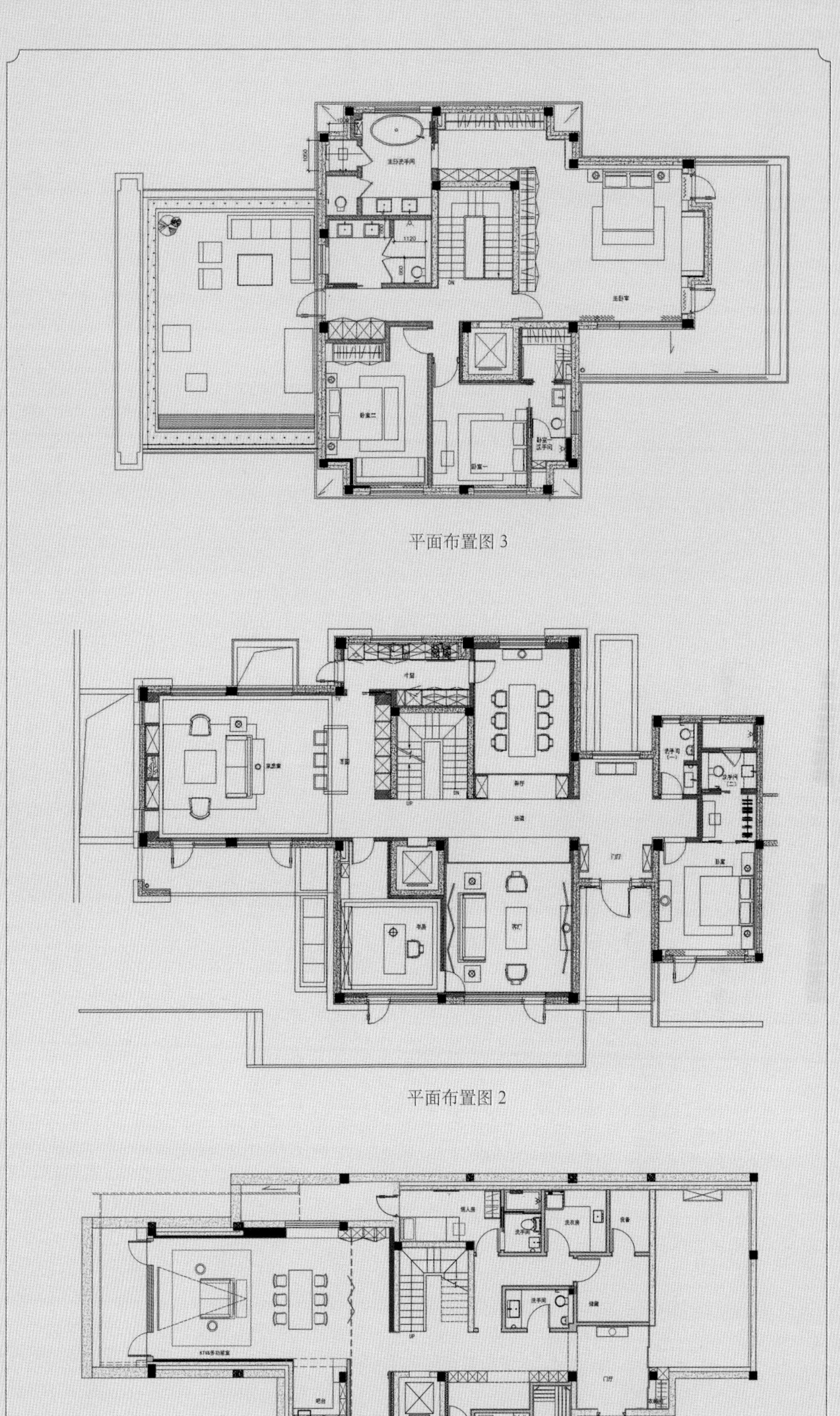

平面布置图 3

平面布置图 2

平面布置图 1

LANDSCAPE INFRASTRUCTURE
LANDSCAPE INFRASTRUCTURE

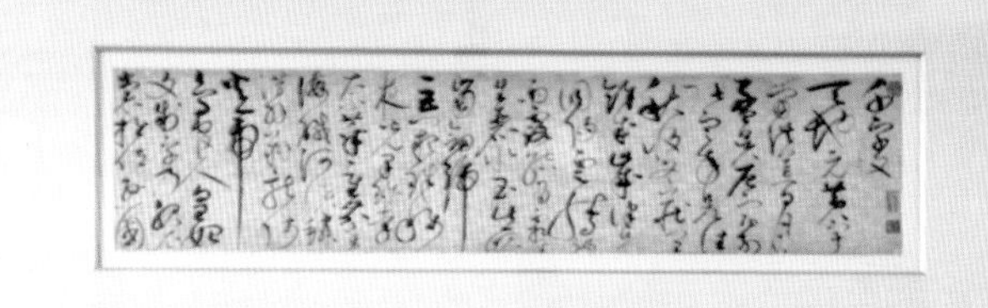

MAPLE HOTEL
江山红叶酒店

设计公司：HHD 假日东方国际设计机构 / 主设计师：洪忠轩 / 地点：重庆市

项目概况

江山红叶酒店，位于重庆市巫山县，是重庆旅游投资集团旗下重庆长江三峡开发有限公司投资兴建的，特邀 HHD 假日东方国际酒店设计机构设计。

本案由美国加州杰出设计师奖获得者——洪忠轩先生亲自打造，是集住宿、餐饮、会议、休闲娱乐为一体的五星级度假酒店。

独家专访

HHD 假日东方国际设计机构

HKASP | 先锋空间：

本案极具民族特色，空间中随处可见精致、典雅的民族符号与元素。可以就其中几处典型的元素详细谈谈吗？

本案设计以巫山红叶及江水这些浓郁的地域文化特色为切入点，这些地方文化其本身也是一种民族符号主要表现为三个方面。第一、对于传统建筑结构及材料的运用。大堂顶棚造型采用中国传统建筑中的木梁结构，运用现代的几何构成手法结合原建筑本身的梁结构，体现出传统建筑的结构美感。大堂中间的大型发光柱灵感来自于自然界中岩石的肌理。随着时代的发展，虽然金属、玻璃、塑料各种现代材料被引入室内设计中，但我们对于传统设计使用自然材料的偏爱并没有被忽视，而是成为情感设计的特色所在。在本案中，大多数采用了自然材料及自然肌理，这样更能给人一种亲和感。第二、用现代手法展示工艺品。大堂背景墙以陈列的方式重复构成，给人以庄重的礼仪感。风味餐厅的陶瓷工艺品展示、电梯厅的艺术品展示都是采用同样的手法营造更具民族特色的文化氛围。第三、中国红色彩的运用，巫山红叶、江水等符号的运用。宴会厅灯具、地毯、墙面饰品等这些符号都贯穿在整个酒店的设计中。

HKASP | 先锋空间：

本案在色彩运用上也是独具特色，请具体谈谈本案的色彩美学。

在本案设计中，色彩搭配对空间效果的突出起到了非常重要的作用。室内设计中的色彩主要满足功能和精神的需求，目的在于使人们感到舒适。一般设计中，色彩搭配都遵循着色彩美学中色彩调和、色彩对比的原理，以达到不同的视觉效果，给人带来的不同的心理感受。在本案中设计师主要运用了红、黑、黄三种色彩，红色给人以强烈的视觉冲击力，通过黑色、黄色的调和使空间显得沉稳、贵气。大堂主要使用了红、黄两种相近色彩营造一种热情、华丽的空间氛围。色彩的运用也紧紧围绕着“巫山红叶”这一主要设计元素，从而体现当地的文化特色，给人留下深刻的印象。宴会厅的地毯则主要使用红、蓝两种对比色，使整个空间氛围给人艳而不俗的视觉感观。墙面大面积的深色石材的调和则使整个空间显得庄重、高贵。总体而言，在统一中通过色彩对比寻求色彩变化，让空间有特点、有活力，在变化中又通过色彩调和达到整体和谐。

洪忠轩
HHD 假日东方国际设计机构
董事长

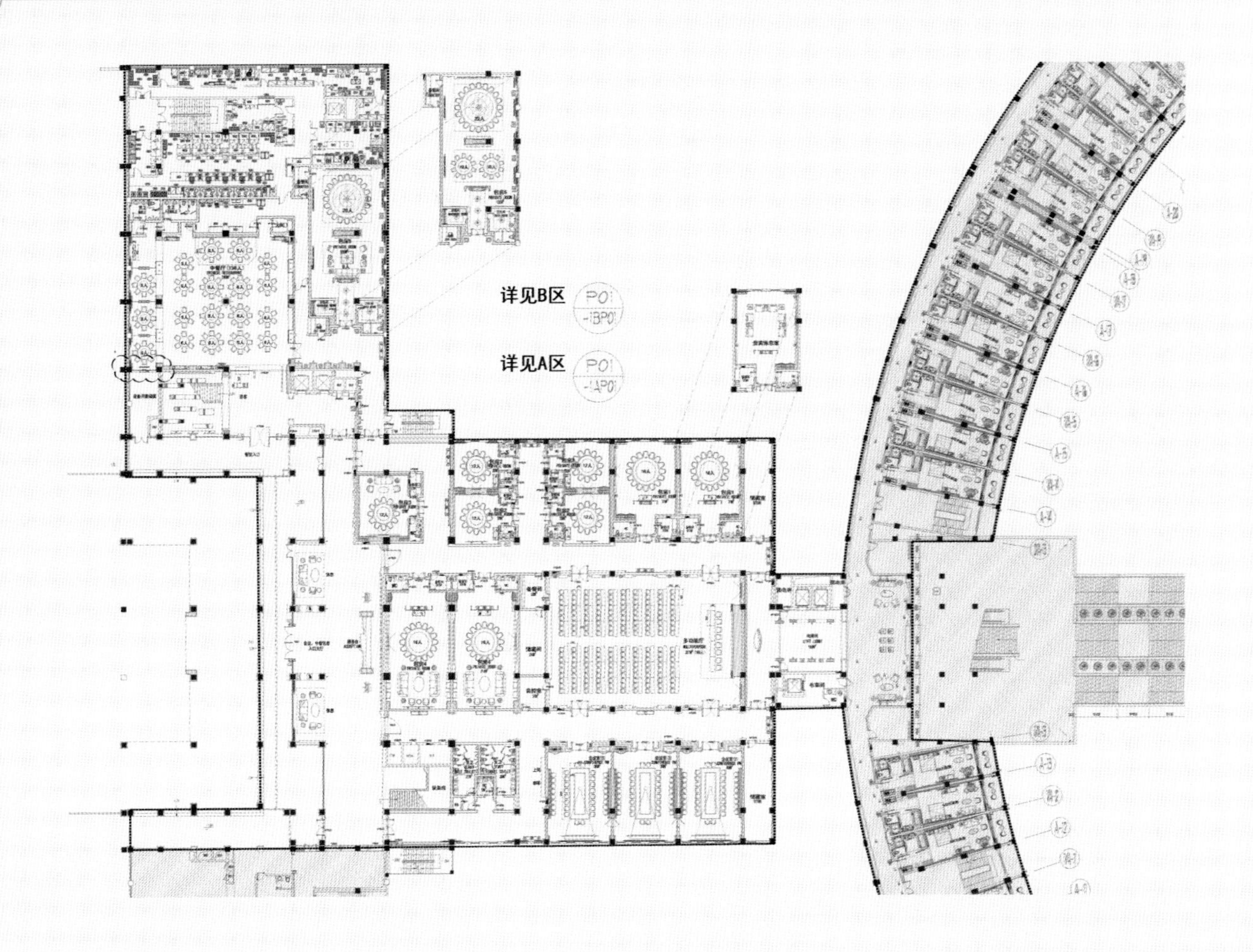

负一层公区总平面图

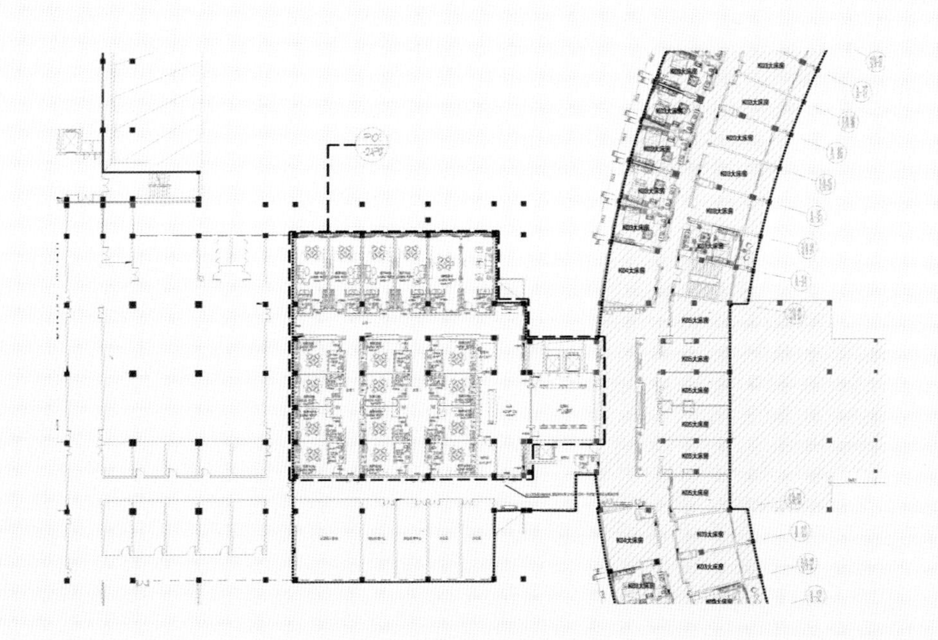

负二层公区总平面图

设计理念

在本案中，洪忠轩先生引入主题式酒店设计的独特理念，大堂充分利用原建筑空间特点，并结合川式古建筑特点用现代装饰手法，利用地方特有的“神女”民俗文化元素，镶嵌在空间中，营造出一个有地域特点又不失时尚品位，气势不凡的大堂接待空间。

POPCORN

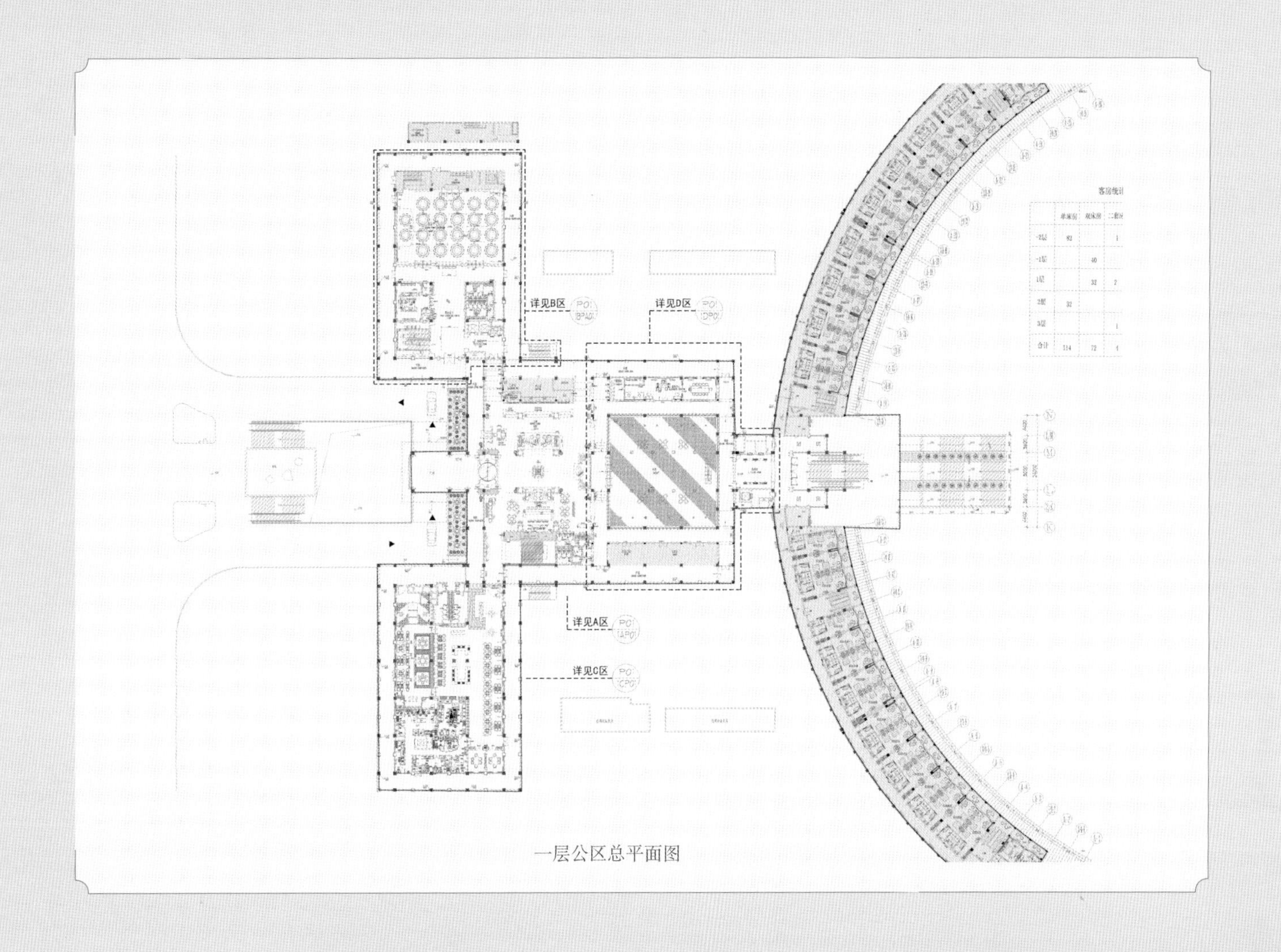

一层公区总平面图

空间布局

独具风格的宴会厅——两江宴会厅，是巫山最大型的宴会厅之一，可同时容纳350人参加宴会。现代、时尚、端庄的宴会厅，彰显出宽敞大气，典雅明亮的设计风格。会议中心有大小会议室4个，先进的视听系统，主题的会议设计，专业的服务人员能为10人至300人的政务、商务会议提供最贴切的服务。酒店还设有商务中心、精品廊、娱乐中心、棋牌室等完善的休闲娱乐设施，满足宾客的不同需求。酒店拥有各式江景客房191间，惬意的软榻，让心情飞扬，徐徐江风为您带来轻松与舒适，精心设计的每间客房温馨如家，特设的全景浴缸，巧妙地将开放与私密完美地结合起来，让您体会到“天、江、人三位一体”的和谐相融，匠心独运的户外草坪花园区域，远离城市喧嚣。餐厅分渝菜、川菜、粤菜等，另有10间风格迥异的包间，华丽的宴会大厅能同时接待300余人用餐。西餐厅收罗各国美食，引时尚前沿，另配备地方风味餐厅。江山红叶酒店不仅标志着巫山地区配套设施进一步的完善，同时还结束了巫山没有五星级酒店的历史，对改善巫山招商引资环境，提升巫山城市品质发挥着重大作用。

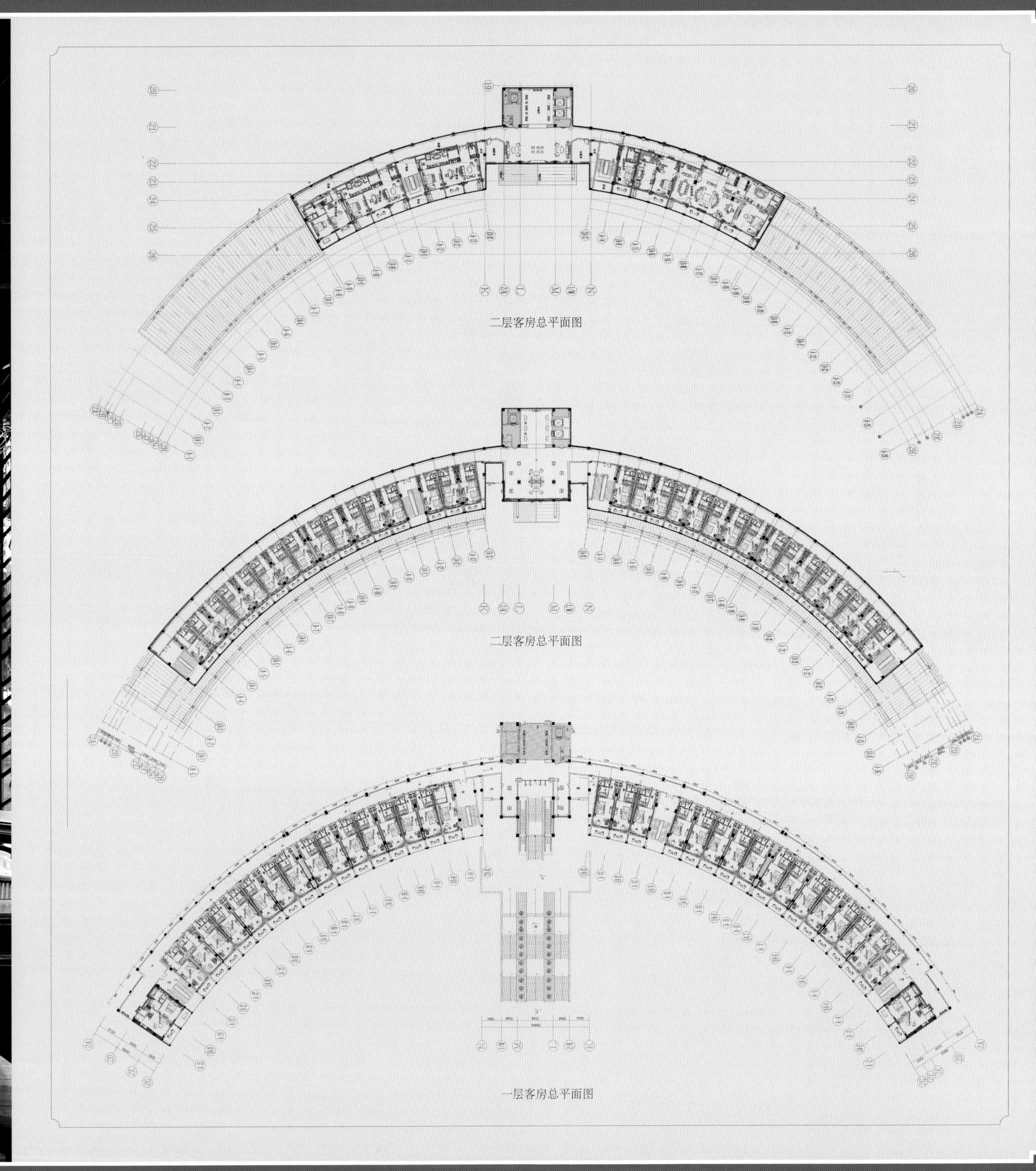
二层客房总平面图
二层客房总平面图
一层客房总平面图

HAIKOU MARRIOTT HOTEL

海口万豪酒店

设计公司：PLD 刘波设计顾问（香港）有限公司 / 主设计师：刘波 / 地点：海南省海口市 / 面积：60000 平方米
主要材料：石材、木材、镜面不锈钢、艺术地毯及定制玻璃等

项目概况

海口万豪酒店，是由深圳天利集团海口天利地产投资建立，由享誉全球的万豪国际集团经营管理，并由 PLD 刘波设计顾问（香港）有限公司
担纲室内设计，共同为海口西海岸打造的地标性作品。

独家专访

PLD 刘波设计顾问（香港）有限公司

HKASP | 先锋空间:

作为高端度假酒店设计专家，您在假度酒店设计是如何看待和选择材料的?

设计应该最大限度地保存一个地方的自然特性，为客人提供可持续、生态、健康的环境。我们关注人的健康与环境的可持续发展，如节约用水、提高能源利用效率和室内环境质量。在酒店建设中，材料的选择使用变得至关重要。该项目采用的设计风格是典雅的新中式风格，所以用到木质材料会较多。在材料的选取上，我们使用了低挥发性的有机油漆和生态木作为装饰材料。低挥发性有机油漆不含有害化学物质，因此不会影响室内空气质量，从而改善居住的内部环境。又因酒店位置临海，所以生态木成为我们的最佳选择。与传统材料相比，生态木是环保材料，经济适用并且具有独特的审美特征。更重要的是，生态木是一种防潮、防火、阻燃的新型节能材料。我们希望可以在设计一个功能性完整的酒店的同时，可以营造一个亲近自然、健康的环境。

刘波
PLD 刘波设计顾问（香港）有限公司及
PLD 刘波设计顾问（深圳）有限公司
创始人兼董事长

HKASP | 先锋空间:

本案虽为中式风格，在视觉效果上却并不沉闷，显得简洁、雅致，能否分享一下您的设计过程。

在这个项目的设计中，我们将东方文化的印象与现代设计手法巧妙融合，不落俗套地创造出一种全新、独特的风格，既有远离尘世的逍遥意境，又有低调、奢华的舒适感受。空间装饰采用简洁、硬朗的直线条，有些地方采用具有西方工业设计色彩的板式家具，搭配中式风格来使用。在颜色的搭配上，巧妙地混合黑色、红色、黄色、灰色、棕色、浅木色等，营造出新中式文化的简洁感，再配以中式水墨画，烘托出“雅”的特质。另外，中式家具一般颜色较深，书卷味较浓，在项目中我们运用一些现代材质，采用对比手法，并使用玻璃、不锈钢、岩石、实木等材质，既增强了现代感的同时又不失整体中式感。

设计理念

这间满载新概念设计的顶级酒店将海口西海岸海天一色的无边景致、热带风情园林、386间外廊全海景客房及别墅、海口最大的生态泳池等得天独厚的各种元素汇集，以独特的飞檐天际线，隽永的东方设计风格打造了城市的亮丽新景。的确，在物质财富泛滥的今天，真正的奢侈品，已经不再是看得到的东西。当一种空间可以让你感受得到时光的流逝，可以让你回想起曾经的柔软和纯真，可以如一池净水般让心灵慢慢复活。这样的空间，才是真正意义上的罕有，因为最宝贵的，往往是看不见的。真正的奢侈品，不是物质，而是心灵。

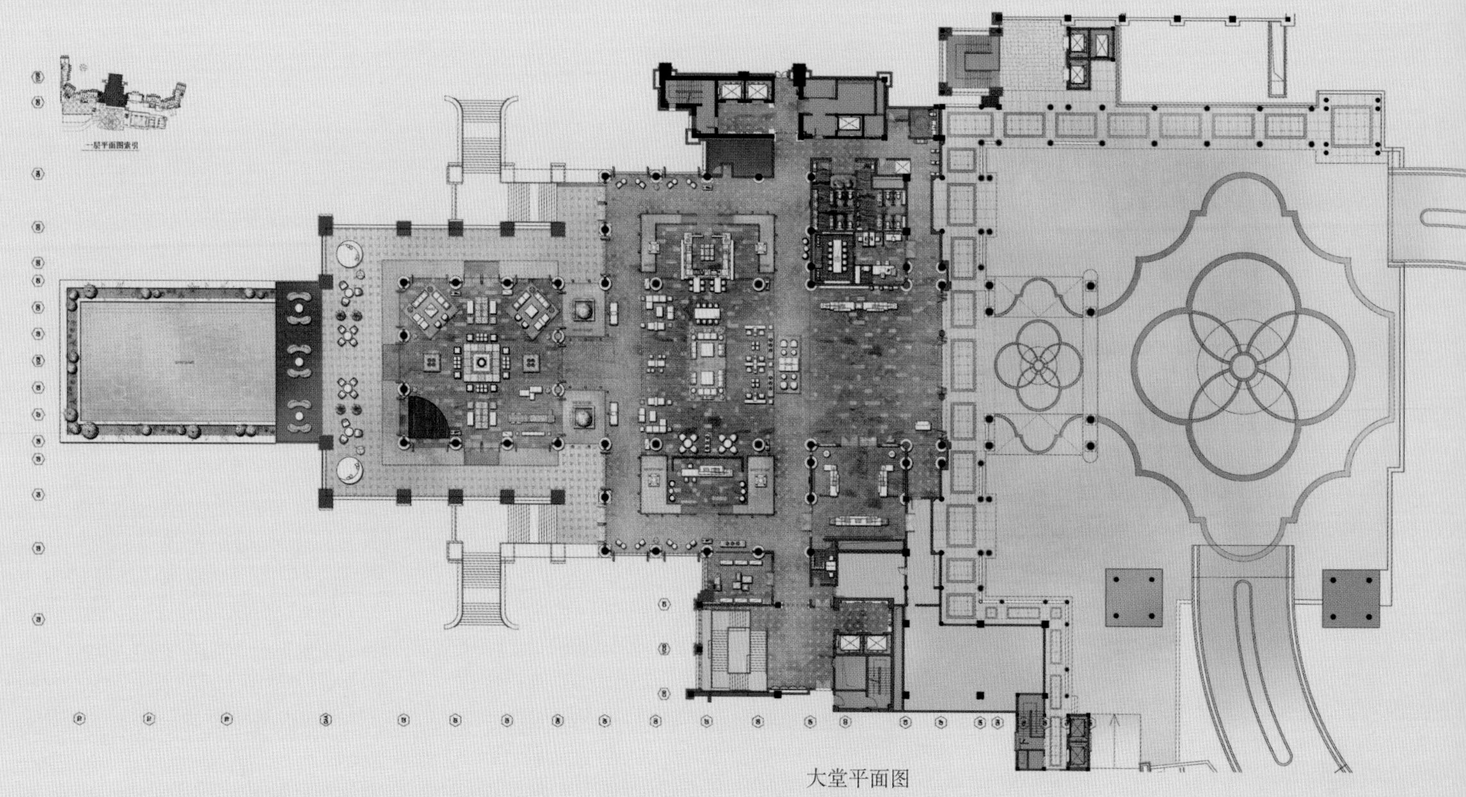

大堂平面图

风格展示

酒店的室内设计风格采用典雅的东南亚风格与中式经典的时尚融合，再加上不可复制的海岸景观，这种独特的气质引起业内的赞赏。正如PLD设计师们一贯所认同的："好的设计，不仅是悦目，而且是赏心"。当客人在海口万豪酒店停驻时，他们会发现，多年以来在全球的酒店中渐渐迷失的诗意正悄悄苏醒，耳边仿佛出现"游园惊梦"中的婉约唱腔："赏心乐事谁家院……"

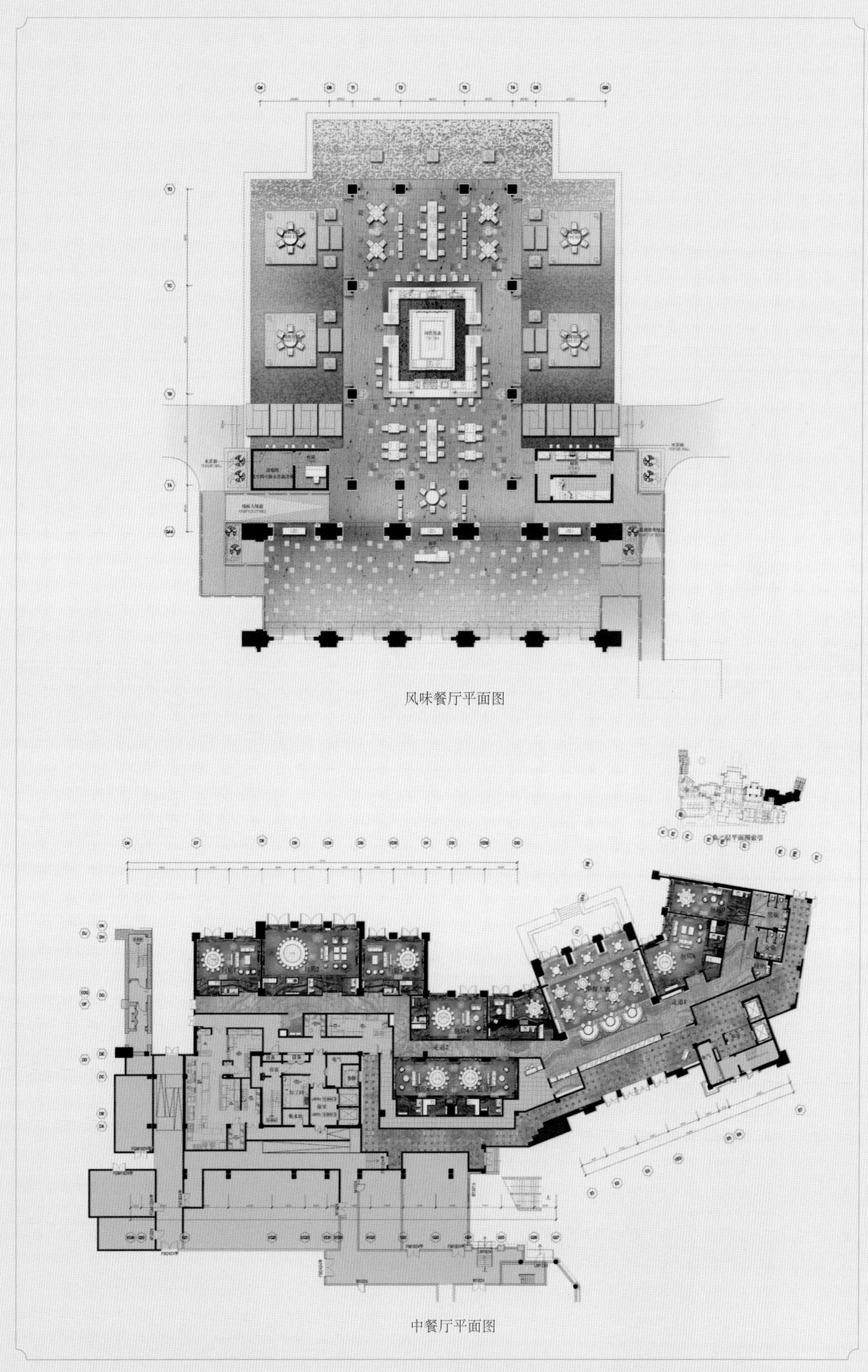

风味餐厅平面图

中餐厅平面图

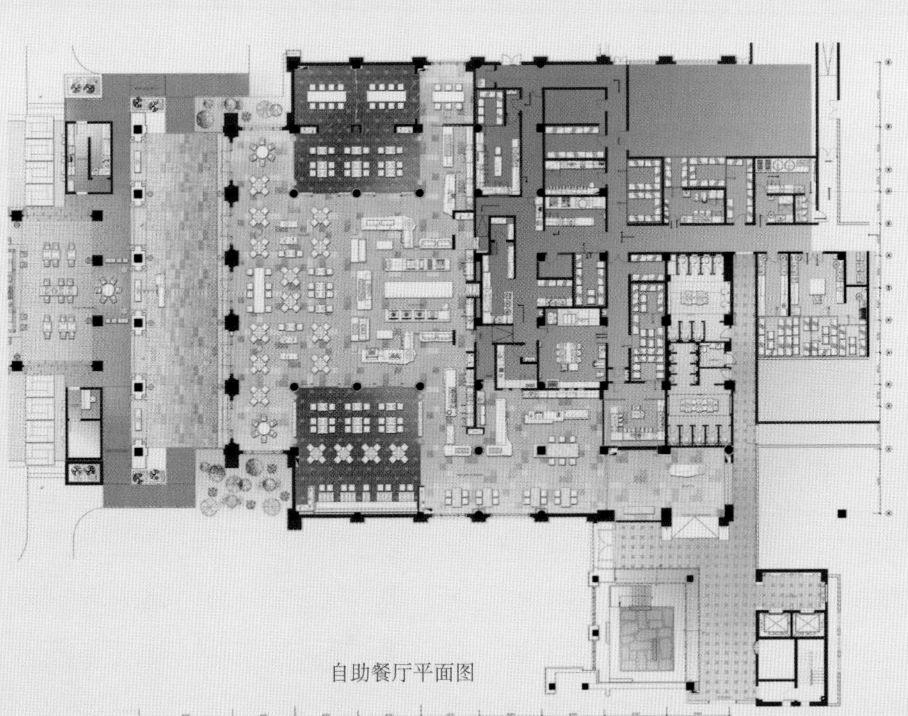

自助餐厅平面图

GUIAN XISHAN HOT-SPRING RESORT HOTEL

贵安溪山温泉度假酒店

设计公司：国广一叶 HID 华伍德设计咨询有限公司 / 主设计师：何华武 / 地点：福建省福州市 / 面积：104 000 平方米
摄影师：周跃东 / 主要材料：花岗石、中国黑石材、金刚板、水曲柳面板、丝绸

项目概况

贵安溪山温泉度假酒店为临江退台式建筑。
酒店坐拥 216 间客房，包括超大宴会厅、咖啡休闲区、贵宾接待区等，为不同类型的用户提供空间布置与装饰效果各异的客房。

风格展示

酒店整体设计风格秉承中国汉唐宫廷传统，气势恢宏。中性的色彩、简约的造型、巨型的体量、古朴的质感，渗透着中国古典文化的气节与儒雅的风尚。高档的餐厅内采用新中式古典主义的设计风格，装饰丰富色彩，既体现出贵安地域的特色，也符合国际化高端餐厅的需求。我们力求展现新中式风格的大气、雍容华贵和对称美，让人感受到度假酒店的舒适与安逸，享受一份远离城市喧嚣的宁静。在功能上追求舒适度的同时，将智能化融入其中，使客人在领略前所未有的贵族生活的同时，体验科技带来的便利。

材料运用

酒店配有超大型的宴会厅，可供两三百人同时就餐，宴会厅装饰豪华，主材以柚木、青石、金刚板相结合，打造主题元素。古朴的中式韵味让客人们在此度过人生美好的时光。设计借用中国建筑中传统的符号元素及色彩，将其夸张并表达出强烈效果。最终使时尚与古典、材质与环境的相互呼应，呈现了去芜存菁的精神，使度假酒店重塑出崭新形象。大量使用的环保材料，更是使度假酒店的舒适感得到提升。

设计理念

通过传统建筑语汇的提炼以表达空间的时尚，通过陈设艺术的巧妙点缀，以彰显度假酒店的舒适生活。强调现代中式的气脉，使室内外浑然一体。强调空间的相互渗透及使用上的有机灵活，让客人体验到家一般的亲切感。

空间格局

大堂的空间格局颇具汉唐宫廷的皇家仪式感，黑色巨型圆柱分立两侧，右侧水景结合接待前台，形成独特的室内空间格局，让大堂颇有休闲度假的情趣。两侧的休息空间，隐在柱后，放置了现代风格的沙发，沙发的样式简单、简洁，让人在中式大堂中找到轻松和舒适。中式的“宫廷大殿”中将现代的设计与功能完美地结合起来。那一泓静水，出现于这个柱檩相间的空间中，别具诗意，富有宫廷般的华贵享受。

咖啡休闲区，围绕主题元素，打造贵安独特的气质。与外部自然环境的融合，不仅体现了时尚感，也充分考虑了环保，打造一个绿色、时尚、而又别于其他度假酒店独特的风格，给予游客一种独特的、与周围自然相联系的感受。自助餐厅区设施配置高档、齐全，巧妙的空间布局优化了交通流线，使得餐饮服务舒适、快速、便捷，让旅途劳顿或尽兴游玩过后的游客们大快朵颐。

酒店的贵宾接待区设计得典雅、深沉，透着一种无与伦比的高贵。贵宾接待室注重用户私密性，处于接待室中，可不受外界的打扰，为贵宾们提供了一个舒适、安静的休闲和用餐环境。

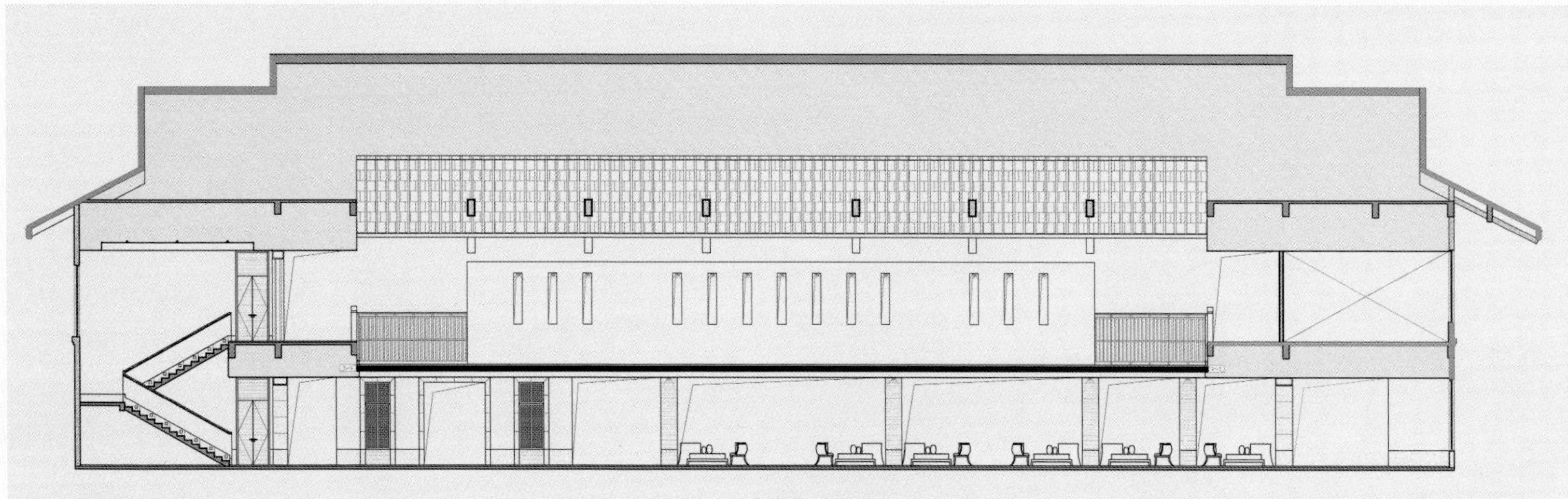
大堂主立面图 1

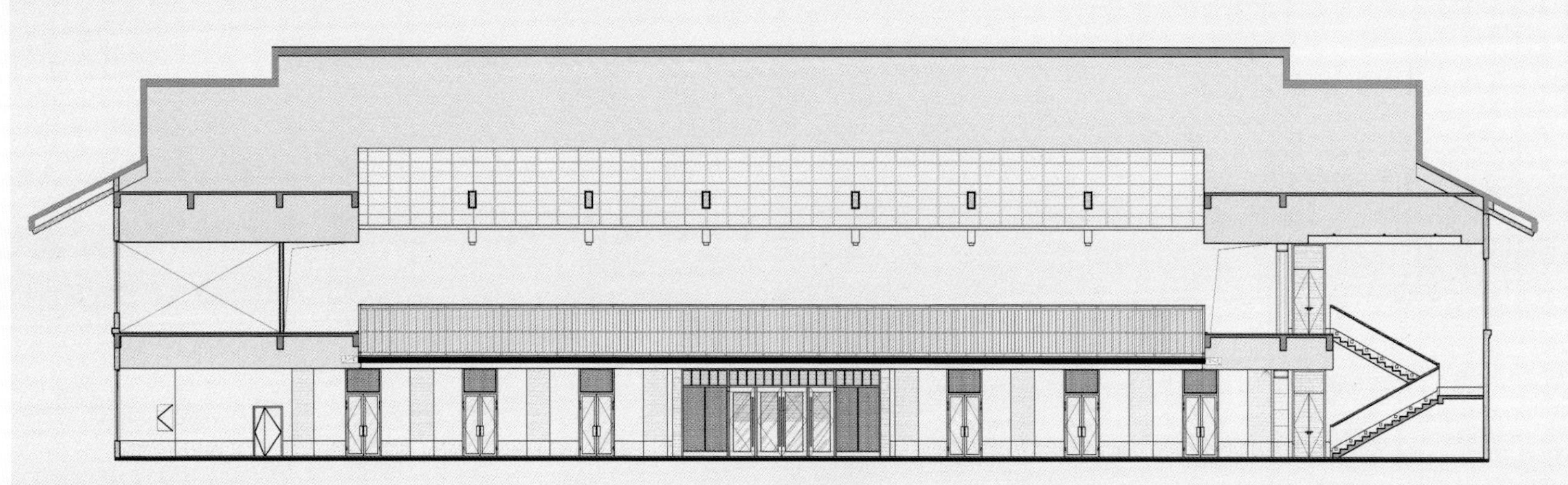
大堂主立面图 2

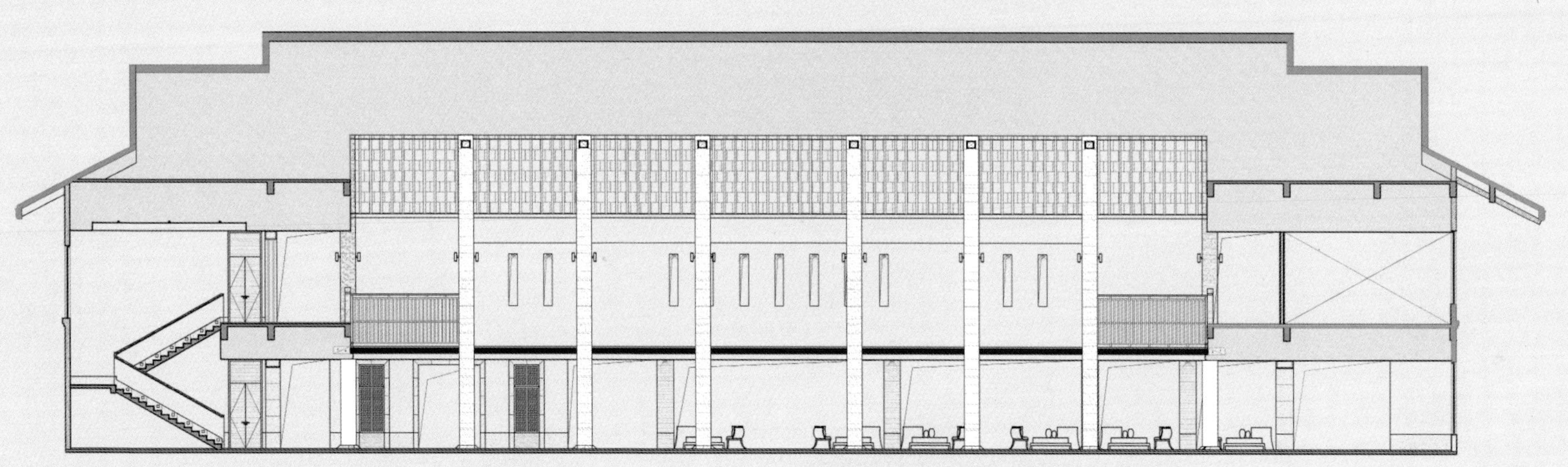
大堂主立面图 3

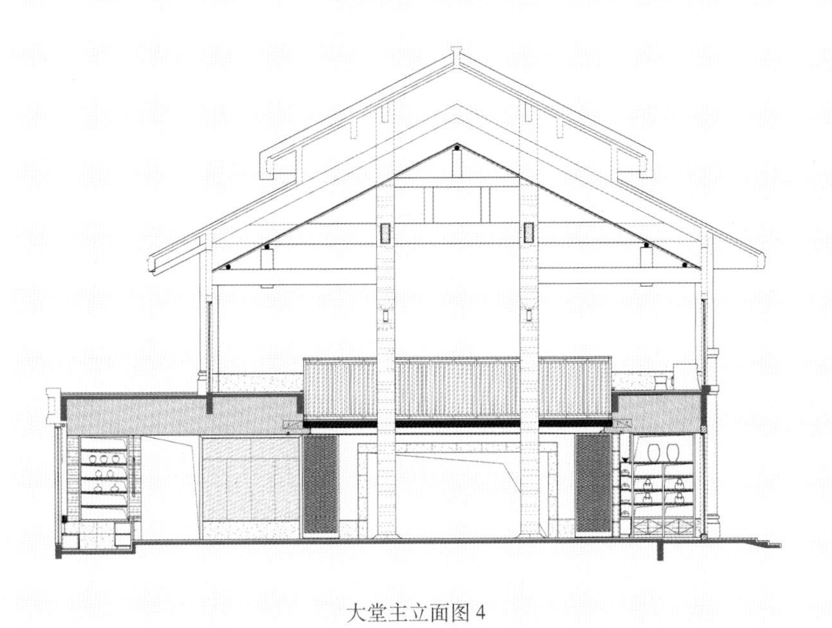

大堂主立面图 4

大堂主立面图 5

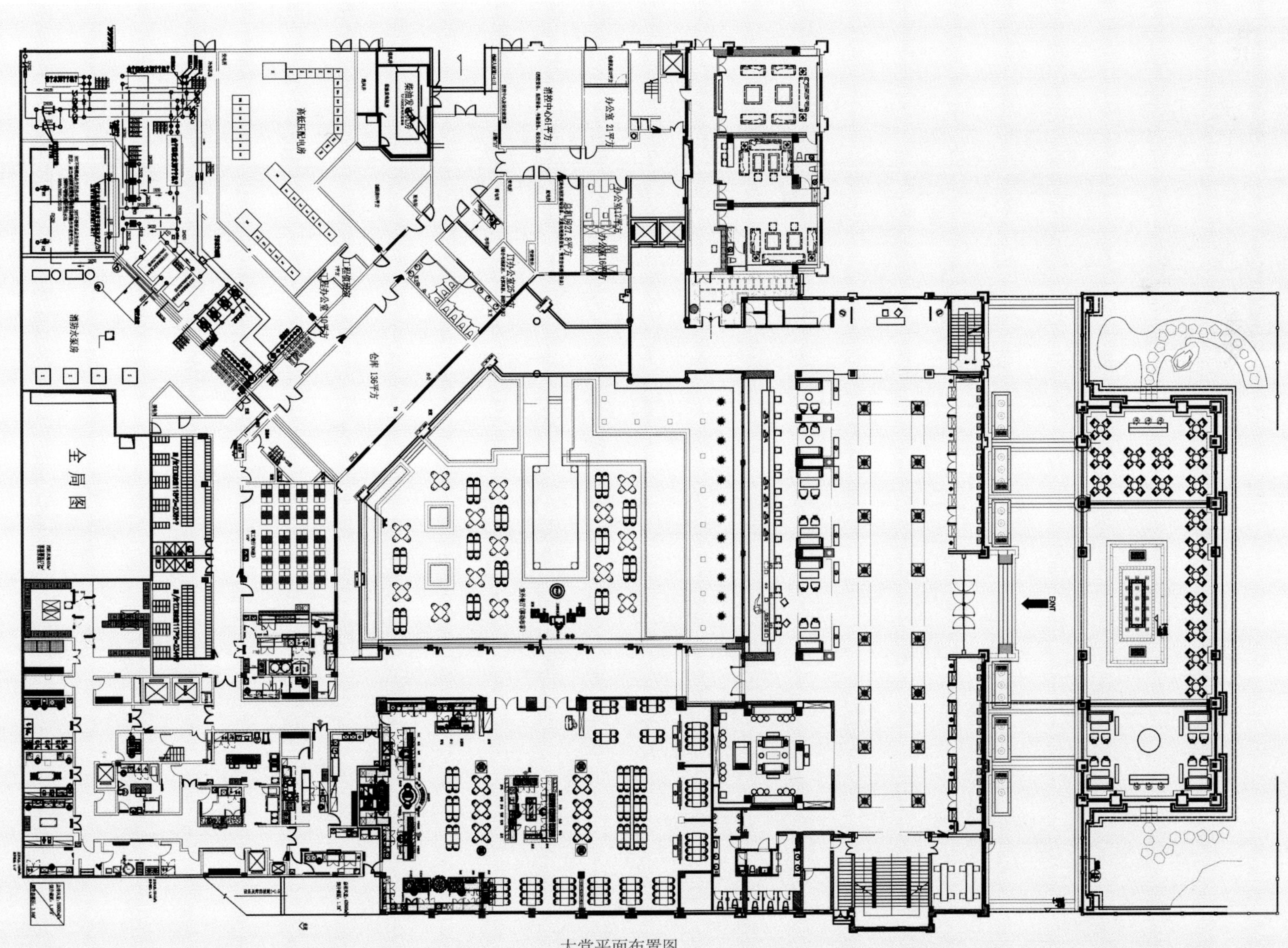

大堂平面布置图

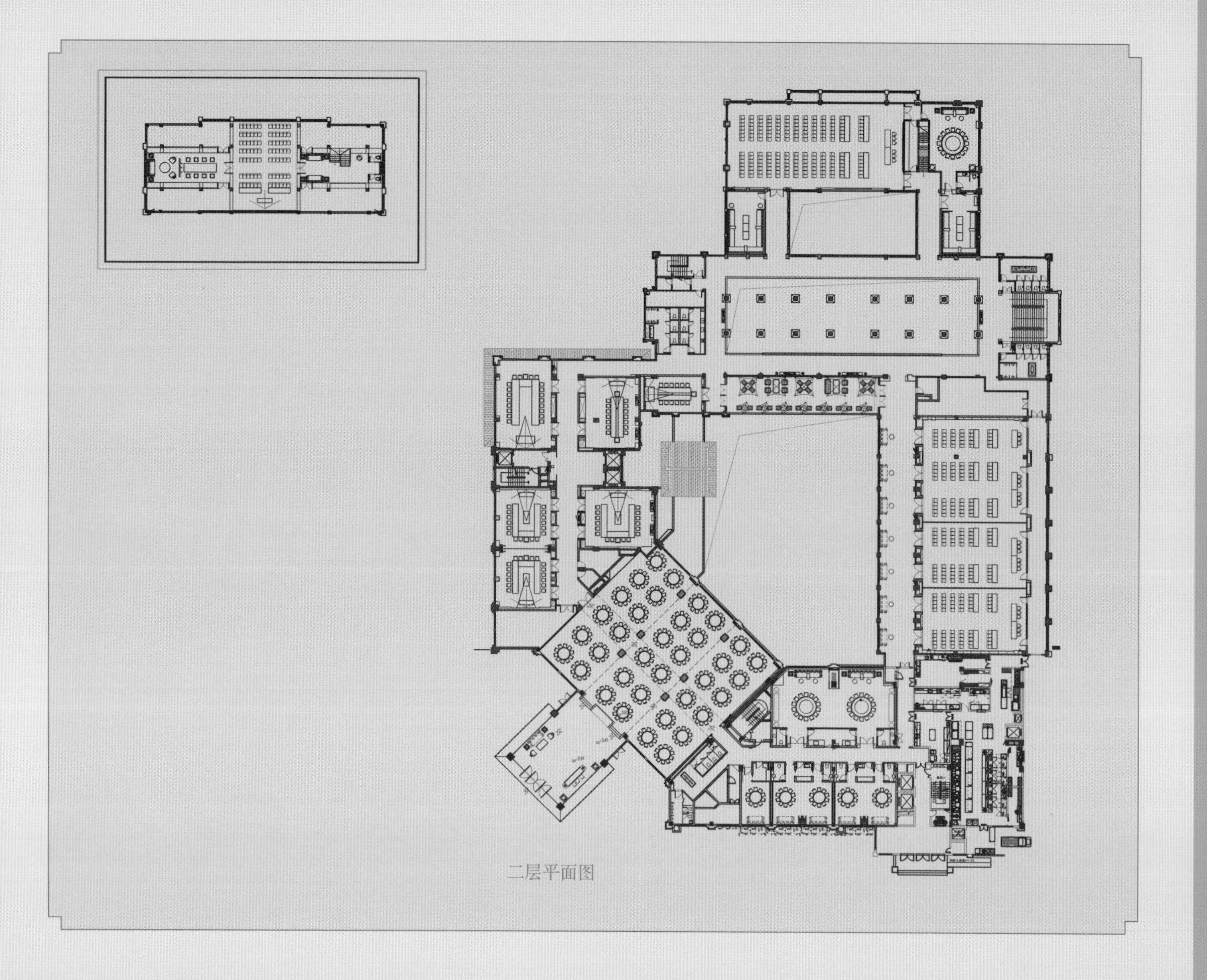

二层平面图

色彩搭配

装饰用色以淡雅为主，空间色调统一。选材以浅灰色为统一色调，以体现空间的高品质。舒适的客房空间、家居化的家具陈设，使客人体会到浓厚的家的感觉，拨动着另一种"爱"的琴弦。客房家具由分体式独立家具组成，其风格在强调协调统一时，注重表现家具的特异性和文化性。

ZHANGJIAJIE HARMONA RESORT & SPA
张家界禾田居度假酒店

设计公司：百达国际 / 设计师：陈振东 / 地点：湖南省张家界市 /

项目概况

张家界禾田居度假酒店有别于其他传统的度假酒店，是中国最具民族风情特色，中南地区仅有的绿色环保酒店。
酒店总用地面积 163 333 平方米，总建筑面积 43 000 平方米，客房总数为 287 间。

设计理念

整体设计利用独特的地理优势，尊重自然，就地取材。酒店园林绿化以不破坏原有的植被为原则，使绿化面积最大化。让建筑与自然环境完美融合，也是对建筑本身的一种肯定和执着。利用自然的阳光和空气，利用园林、水景融入室内空间，展现了别具一格的“现代院落”，湘西土家特色的建筑。独栋式土家吊脚楼，楼前的一湾秋田，优雅、精致的亲水庭院让您释怀于山水之间，山、水、林、溪和谐相融，沟通人与人、人与事物、人与自然之间的感情，期望达到一种共生关系。

材料运用

酒店是以中国传统文化的精髓——金、木、水、火、土“五行”为设计的主题，形成五寨之布局。每栋寨子都隐藏于酒店绿树成荫的自然生态之中，低山环绕的绿色树林掩映着座座别墅。栖山悦水，碧色倒倾。建筑沿势而建，借用当地木材打造出幽静的走廊。别致的架空楼梯，让您感受别样的逸致。每间客房的视野都很开阔，观景阳台上均配有独立的私家山泉观景浴缸，俯视山下的索水河畔，同时又能眺望远山。用当地青石、红砂岩和松木等材质的颜色来表现建筑的色调，最大限度地做到建筑与自然的和谐统一。中餐厅、会议中心、温泉馆区域建筑也同为依独特的山地地形而建，都采用了开放式结构，既使自然风光与酒店的优美环境相融合，同时也减少了电力照明和空调的使用。

接待大堂平面图

空间布局

在少数民族文化背景下，室内设计以土家风情为载体，以土家织锦——西兰卡普为装饰元素，强调整个空间。以点、线、面带动动、静的节奏韵律。以传统技艺及元素于新的设计理念来表现形态，以酒店细节处传达设计品质，于肌理间蕴藏深厚的文化内涵。艺术品陈设使客房空间有了更多的语言符号，空间变得充实，体现一种人文情怀。

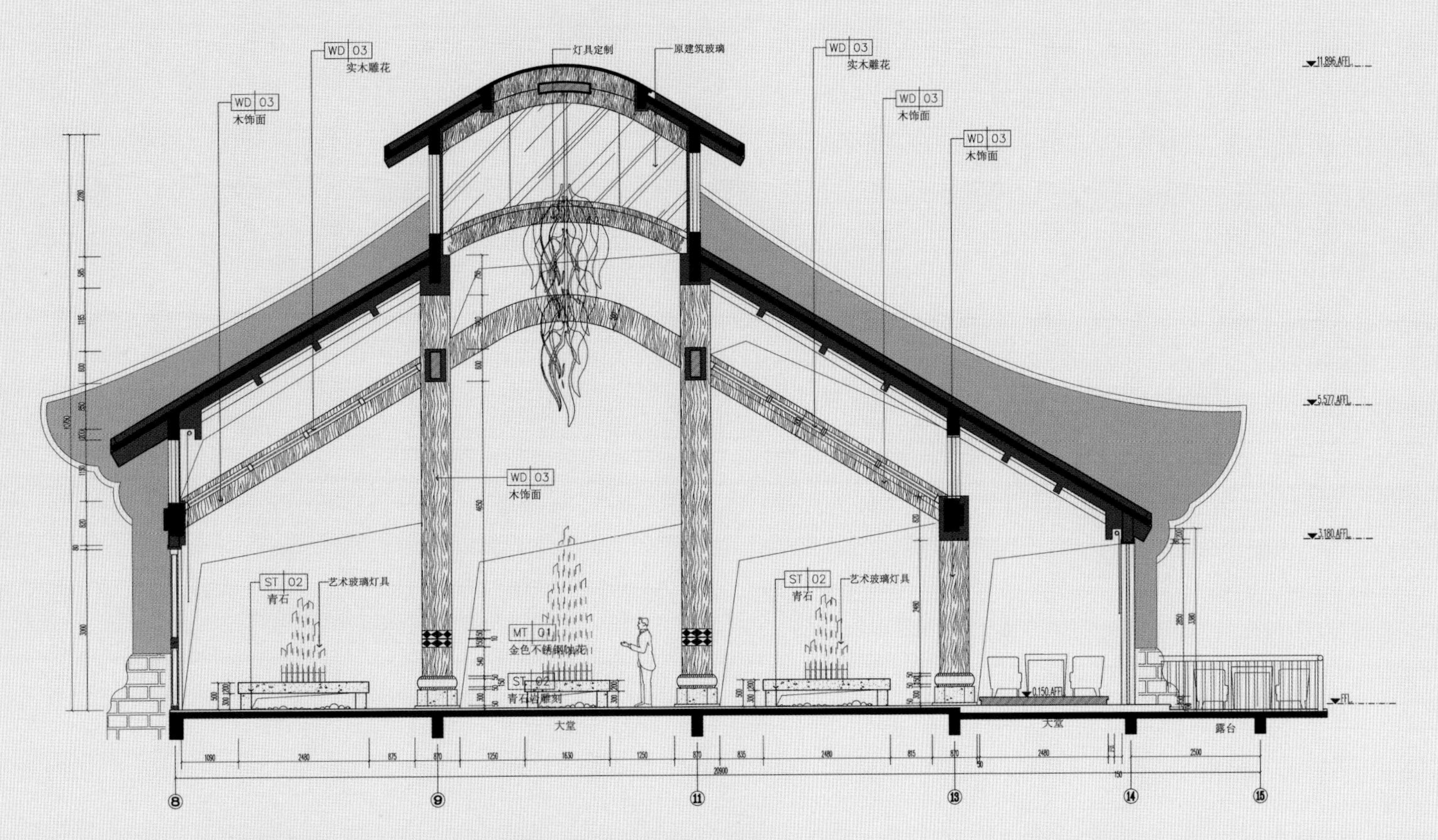

接待大堂立面图

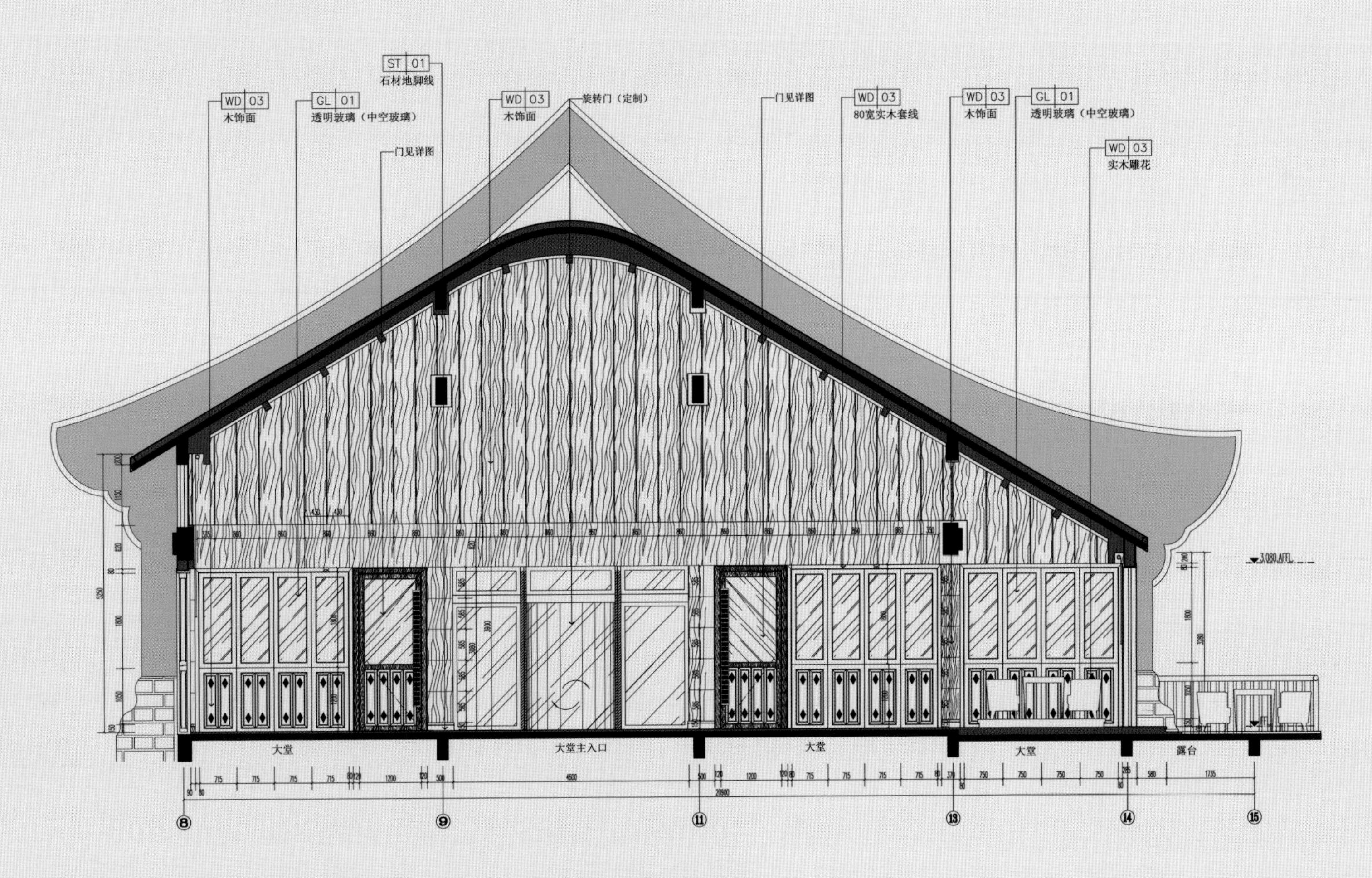

接待大堂立面图

JIANGXI HENGMAO RESORT HOTEL

江西恒茂度假酒店

设计公司：赵牧桓室内设计研究室 / 主设计师：赵牧桓 / 地点：江西省靖安县 / 面积：23000 平方米
摄影师：舒赫摄影 / 主要材料：水曲柳染色木饰面、榆木手工拉丝布面、实木雕刻板、漆、花岗石、工艺竹编、刺绣壁纸

项目概况

江西恒茂度假酒店坐落在江西省靖安县御泉谷的上风上水之地，独特的地理环境和丰富的人文历史激发了设计师的创作灵感。
本案设计的灵感源于陶渊明的《桃花源记》，设计师创造出与自然融合的建筑群体。
建筑四周环绕着郁郁葱葱的树林和灌木，隐于山林之间。

元素运用

穿过悠长的走道，灰白色空间里采用温暖、沉着的木色格子窗棂，让客人感受一种优雅的热情。吊顶上的黑色线条设计，带有极强的导向性，墙面上特别设计的壁灯，与柱体结合，极大地丰富整个空间的层次感和趣味性。中式餐厅的顶棚还原建筑屋顶原有结构，保持了空间开阔，让客人在明媚的阳光下自由呼吸纯净的空气，与周边环境自然融合。室内的家具、灯具的外观简洁、质朴，宁静的色调营造出优雅的用餐气氛。其间的吊灯，巧妙地引入毛笔元素，展现了极强的后现代艺术气质。大包间的墙面中式雕刻窗花的组合和书架造型，构建出一个轻松、休闲的环境。

色彩搭配

西餐厅的入口设计，源于中国传统的影壁灵感，采用铁艺镂空祥云图案设计，隐约透出的光线使整个墙面变的朦胧虚幻，使客人还未进入，油然产生一探究竟的心情。本案以深灰色为主色调，强烈的红色跳跃其间。沉稳、平和的空间氛围，采用戏剧的元素进行抽象概括，形成中与西和古与今的融合。在酒店的客房设计中延续酒店整体的色调，将酒店新中式风格贯穿始终。卫生间刻意调整空间格局，铁艺玻璃国画隔断设计，可以让空间随心意自由改变与外界的视觉联系，或开放连接，或完全私密。客房主墙面以手绘花鸟国画展现细腻质地，顶部镂空花格，内部灯光投射其上，营造出古朴、浪漫的情调。

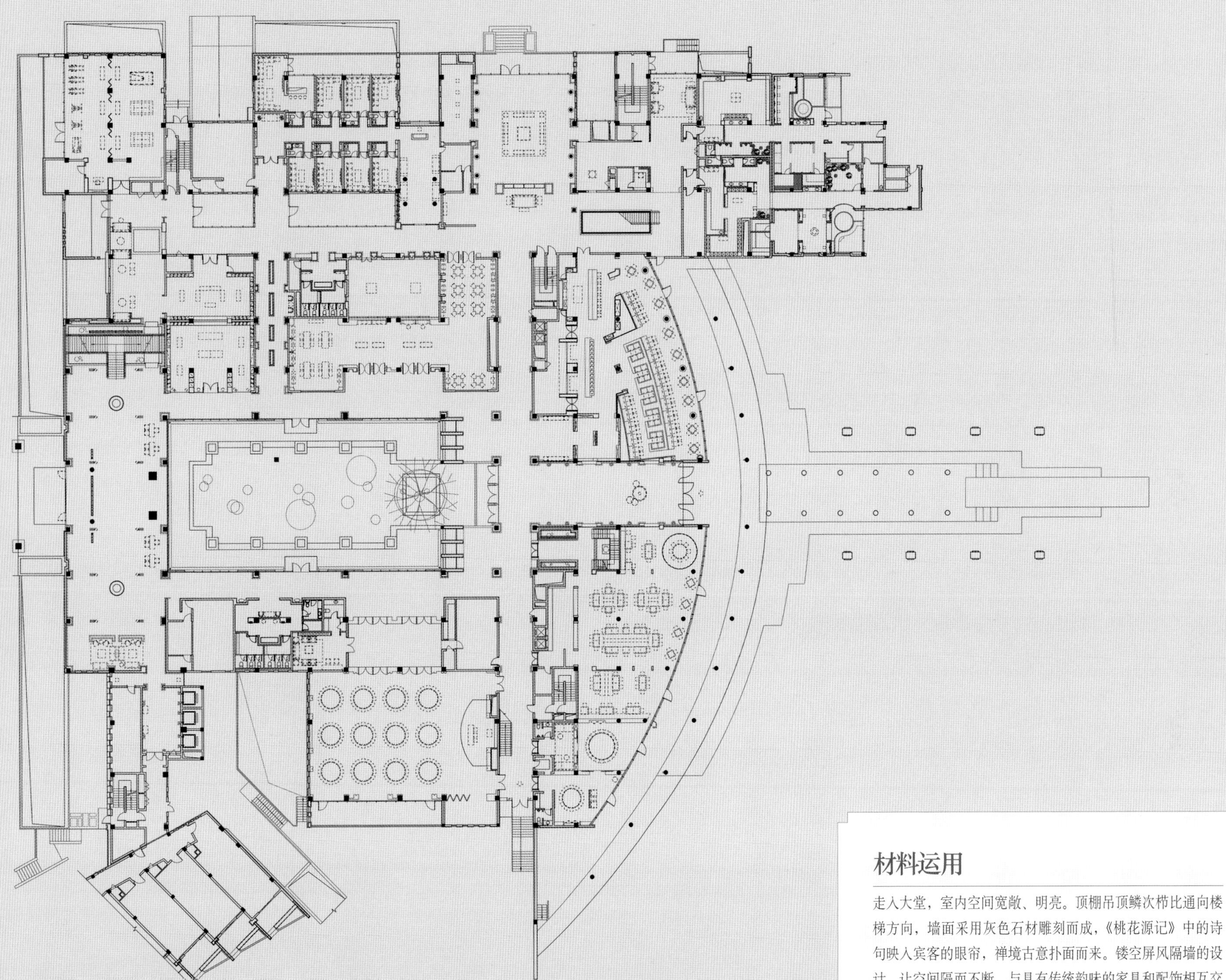

一层平面布置图

材料运用

走入大堂，室内空间宽敞、明亮。顶棚吊顶鳞次栉比通向楼梯方向，墙面采用灰色石材雕刻而成，《桃花源记》中的诗句映入宾客的眼帘，禅境古意扑面而来。镂空屏风隔墙的设计，让空间隔而不断，与具有传统韵味的家具和配饰相互交融，阻挡俗世的纷扰。柱子和吊顶上的装饰灯具，利用金属和木材两种截然不同的材料，创造出空间内在的张力，透过锐利的金属、细腻的木质线条强调空间结构，精致、笔挺的吊灯，令空间由内向外展现出独特的魅力。

在整个空间设计过程中，砖、石、麻等材质配合使用，在不同材质鲜明的质感对比与变化中，提炼并概括空间和时间模糊性表达，隐喻“世外桃源”的意境。

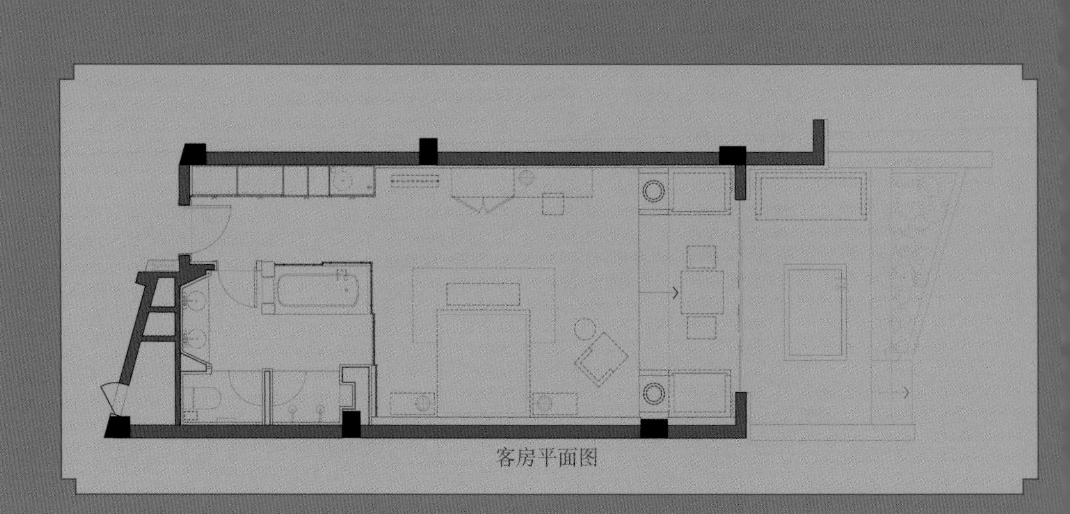

客房平面图

FUJIAN QUANZHOU WONDERS ZIYUNTAI CLUB

福建泉州万道集团紫云台会所

设计公司：矩阵纵横设计 / 设计师：刘建辉、王冠、王兆宝 / 地点：福建省泉州市 / 面积：800 平方米
主要材料：蓝金沙大理石、灰色条石、直纹白大理石 、灰麻石、水曲柳洗白饰面、灰镜、金属装饰网

设计理念

本案从泉州传统民居中提炼新的元素与灵感，对其进行了重新解读。设计延续千年院落的格局，空间中包含了享誉海内外的德化白瓷、惠安石雕、仙游木雕。

这里有人文、自然、历史的缩影。空间中融合了动与静、多与少、新与旧、直与曲、天与地、人与空间，打造出一个既有传承又有突破的时尚“新亚洲”空间。

元素运用

本案从泉州传统民居中提炼新的元素与灵感，对其进行重新解读，赋予空间新的内涵。空间中运用了享誉海内外的德化白瓷、惠安石雕、仙游木雕，这里更有人文的、自然的、历史的缩影。这就是既有传承又有突破的时尚“新亚洲”空间。前台中心极具设计感的浮雕造型，其灵感来源于极具特色的泉州古厝瓦屋顶。极具东方古韵的设计，瓷器、挂灯、青铜器、卷帘等精致地呈现在会所的各个角落。错落有致的灯饰、悬于半空的玻璃展柜和对称的镜面造型，将中式韵味与现代元素完美结合，营造出高贵雅致的氛围。融合东方美学与现代时尚，极富韵味的摆件无不展现泉州的地方特色。

色彩搭配

空间的主要色彩以古铜色和灰色为主，配合柔和的灯光，将中式的韵味展现得淋漓尽致，给人一种温暖、舒适的感觉。纹理清晰的浅灰色大理石上似有泼墨的痕迹，具有明显的引导作用。原木色的顶棚吊灯和带有屏风作用的格栅将整个空间融为一体，自然质朴却又不失奢华大气。顶棚吊灯上的灯光，如同繁星点点，为空间增添了几分趣味。晶莹剔透的玻璃展柜，使整个空间隔而不断，延伸了视线范围。大堂中一排古铜色、水滴状的吊灯映入眼帘，配合挑高空间，给人一种强烈的震撼力，与两侧线条优美的洽谈区相映成趣。

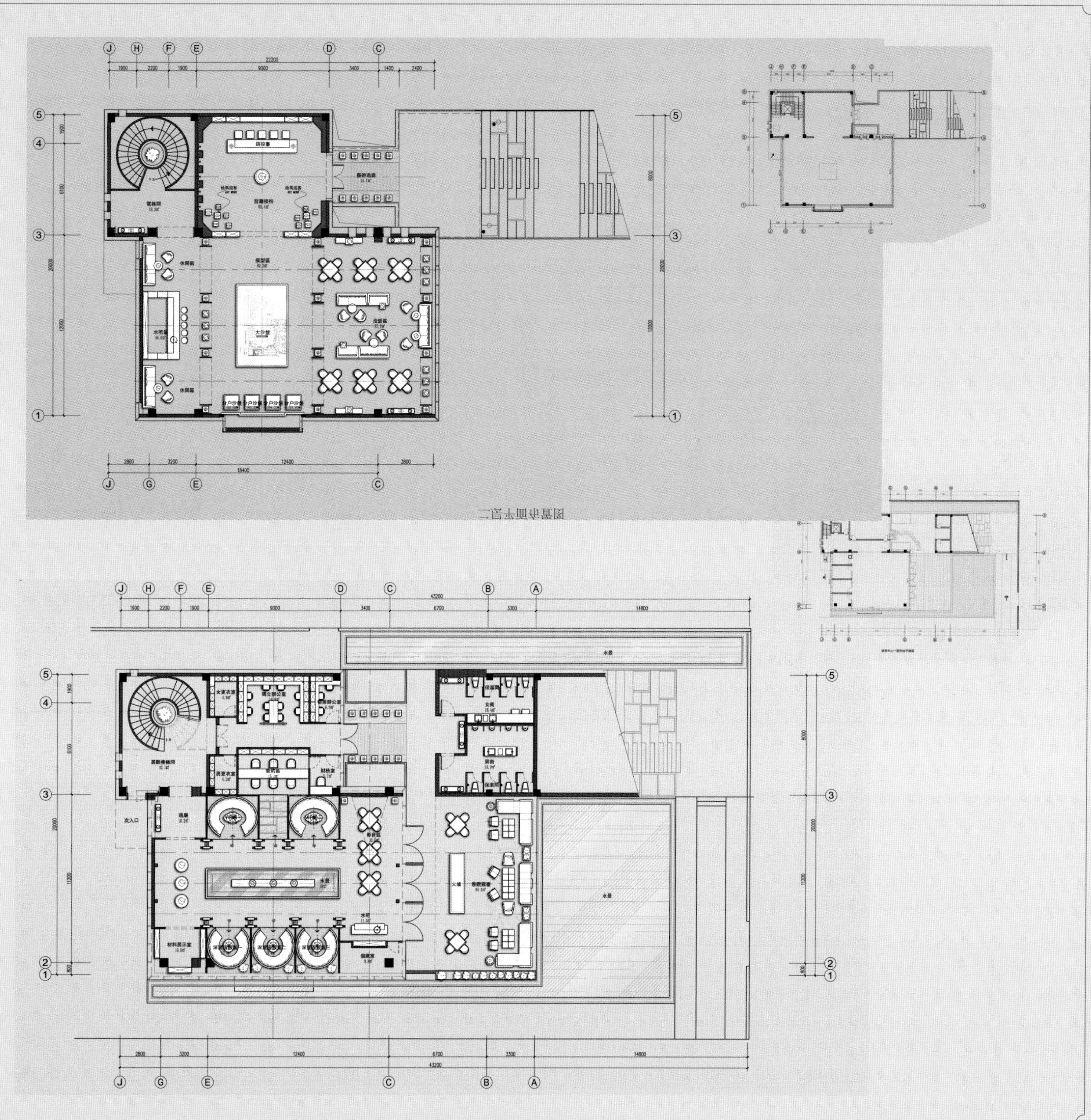

一层平面布置图

GREENLAND FRENCH LEGEND DISPLAY CENTER

绿地法兰西世家展示中心

设计公司：上海飞视装饰设计工程有限公司 / 设计师：张力 / 地点：上海市

设计理念

设计以上海独特的历史为元素，将盛行上海的新古典主义风格与中国传统元素完美融合。整个空间色调沉稳，并附有金色带来的尊贵感。

独家专访

上海飞视装饰设计工程有限公司

HKASP | 先锋空间：

飞视设计将上海新古典主义风格与中国传统元素完美融合，打造出一个兼具艺术感与文化感的奢华空间。请具体谈谈其中运用的特色元素。

墙面大面积地使用了古典欧式色彩的壁纸，配合经过提炼的欧式线条，使古典不再是遥远的过去，而是鲜活、时尚的品位象征。光线是设计不可缺失的元素。我们把光线通过窗户、柱子和空间构造引导它到想要到达的地方。本案摒弃了复杂的欧式护墙板形式，而使用了提炼过的石膏线勾勒出线框，把护墙板的形式简化到极致。少量白色的糅合，使色彩看起来明亮、大方，让整个空间给人以开放、包容的非凡气度，让人丝毫不显局促，契合了其丰富的艺术底蕴，开放、创新的设计思想及尊贵的姿容。

张力

上海飞视装饰设计工程有限公司

设计总监

HKASP | 先锋空间：

飞视设计在材料的选择上也是非常用心，用各种不同材质的质感构筑出一个奢雅空间，带给人独特的感受。请就本案的材料运用具体谈谈。

整个售楼空间综合运用天然大理石、白板玻璃、壁纸、铁艺、金属漆等，既传达了岁月的韵味，又展现出尊贵、奢华的气质。高级、舒适的家具，金属感的金色、小麦色、古铜色的装饰艺术风格，潜藏着时间洗礼后的奢华与尊荣。从简单到繁杂，从整体到局部，精雕细琢，镶花刻金都给人一丝不苟的感觉。空间摒弃了过于复杂的肌理和装饰，简化了线条，使奢华品位感毫无保留地流淌。

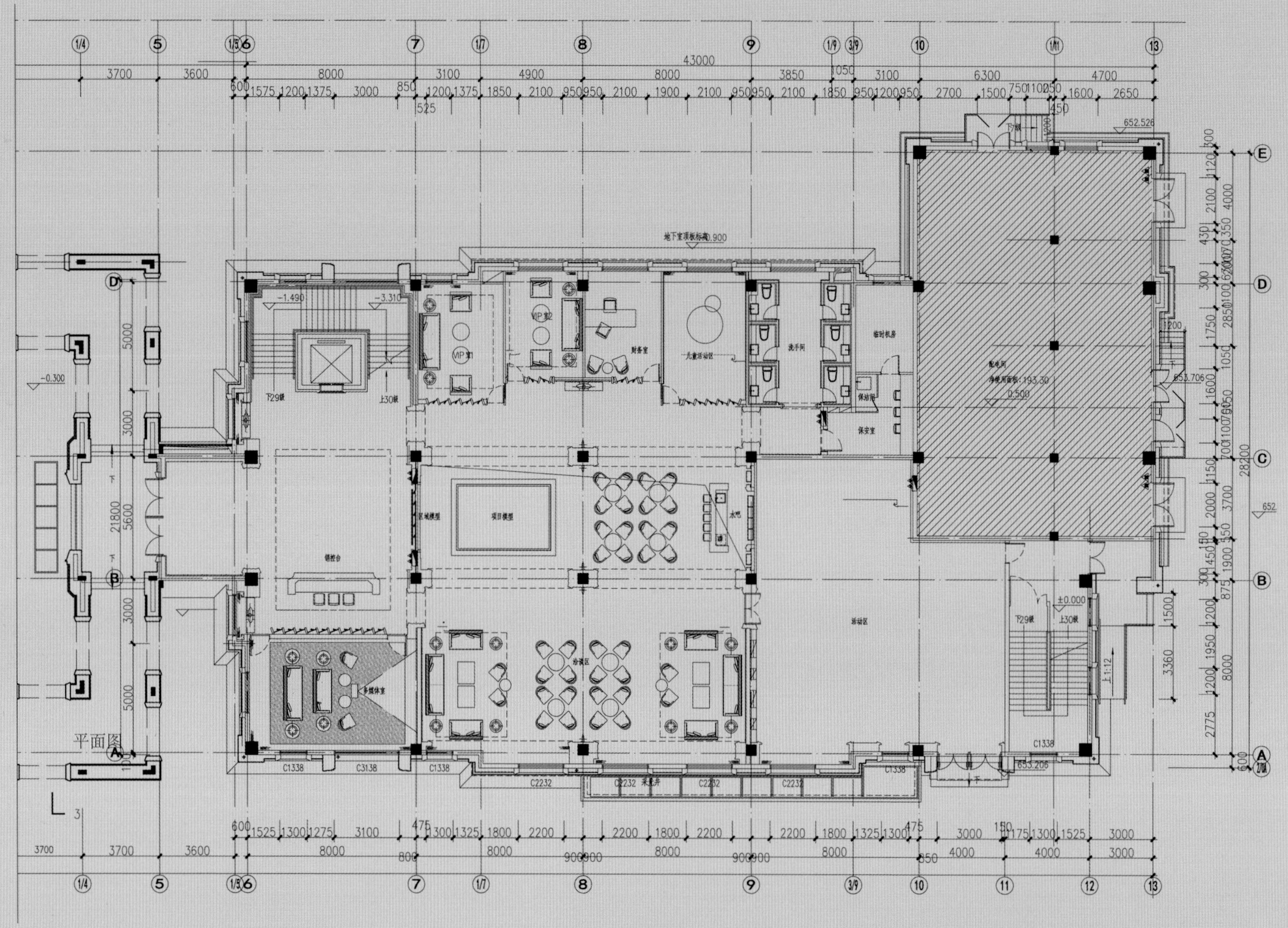

11 楼首层平面图

空间布局

空间主要分为二层：一层是大堂、接待台、沙盘区、洽谈区、休闲区、水吧、演示区等。二层是经理办公室、洽谈区、签约室、会议室及展示样板房等。

材料运用

整个售楼空间综合运用天然大理石、白板玻璃、壁纸、铁艺、金属漆等打造而成，配合高级舒适材料的家具，传达出怀旧岁月的韵味，同时亦挖掘出尊贵、奢华的气质。金属感的金色、小麦色、古铜色融合而成的装饰艺术风格，潜藏着时间洗礼的奢华与尊荣。

GREENLAND GROUP

The Charming Night

WUXI • LINGSHAN TOWN NIANHUA BAY SALES CENTER

无锡灵山小镇 · 拈花湾售楼中心

设计公司：上海禾易建筑设计有限公司 / 主设计师：陆嵘 / 地点：江苏省无锡市 / 面积：2200 平方米

项目概况

拈花湾—— 位于无锡市马山太湖国家旅游度假区之中，
面临烟波浩渺的万顷太湖，背依佛教文化圣地灵山，坐拥绝美的湖光山色，浸染深厚的佛教文化。
小镇除了大量的禅意别墅、公寓之外，还有众多的会议酒店、禅岛酒店、渔村酒店、大禅堂、会所及售楼中心等。

独家专访

上海禾易建筑设计有限公司

HKASP | 先锋空间：

设计师精心营造了一个禅意悠然的自然空间，其中精心选择的材料为空间加分不少，请就本案的材料运用具体谈谈。

陆嵘

上海禾易建筑设计有限公司

设计总监

拈花湾禅意小镇售楼中心在设计之初，就选择了“竹、木、水、石”这些最简单的天然元素作为设计的主题。整个设计理念中，提取材料本身的特性：竹之气节、水之灵动、木之温润、石之坚毅。

在材料的运用手法上，我们摒弃了刀劈斧凿的痕迹，没有过多的设计造型和繁琐的线条，而是运用最简单、纯粹的设计，展现材质本身所蕴含的古朴与天然的味道。旨在为来到这里的人们能感受到与繁华城市外的那一抹醉人风景：轻松从容，潇洒写意的禅意氛围。

步入二层，映入眼帘的是灰白砂石铺设的枯山水，上面布满了大小各异的鹅卵石……踩踏之下，才知那厚实柔软的触感几乎可以媲美真的地毯，走几步还能感受到水波荡漾起伏的层层纹理。随意靠在鹅卵石上的沙发上，这种视觉和触觉的冲撞感十分有趣。

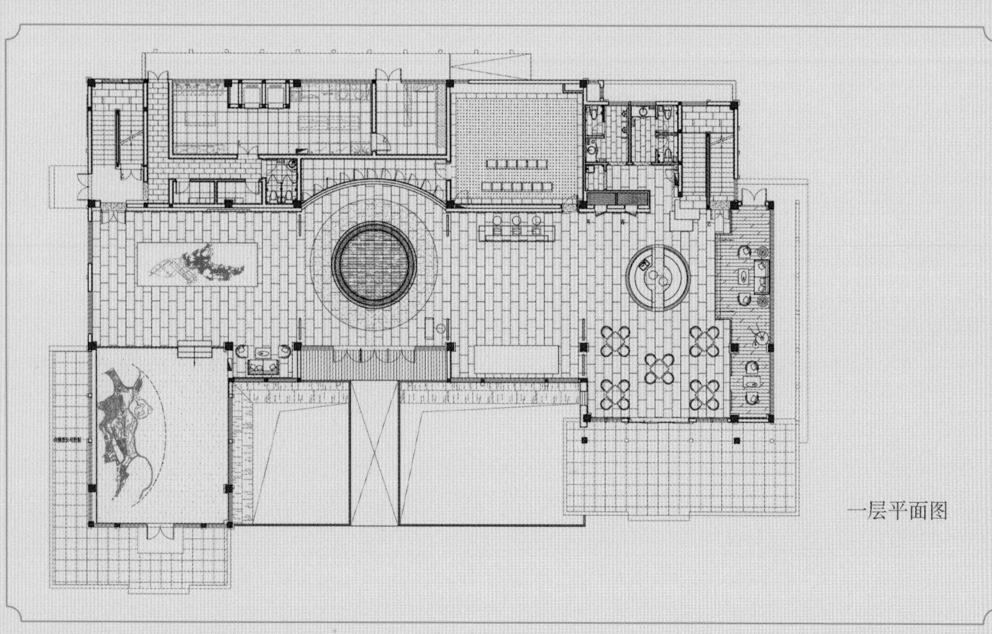

一层平面图

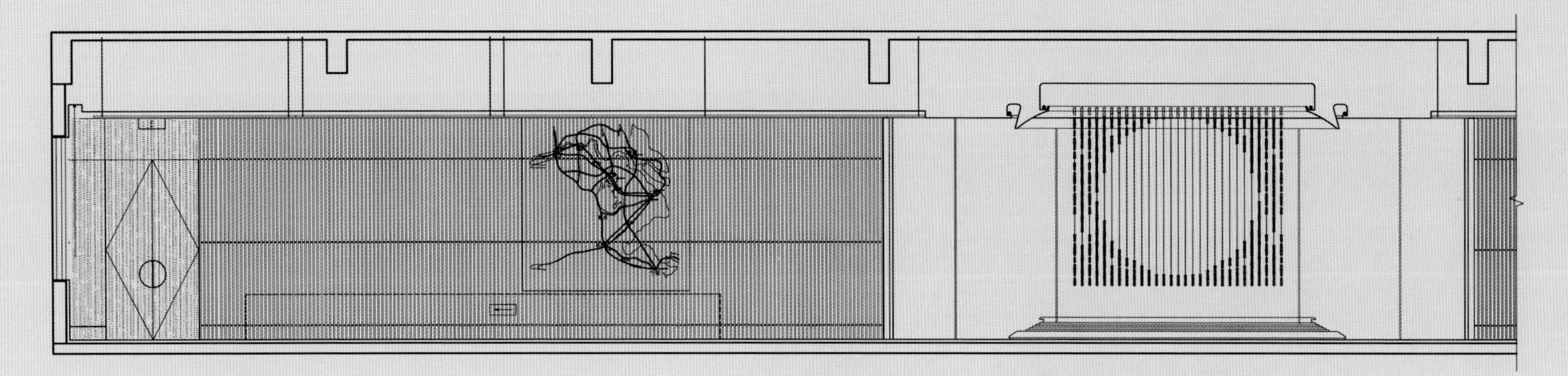

一层展示区 A11 立面图

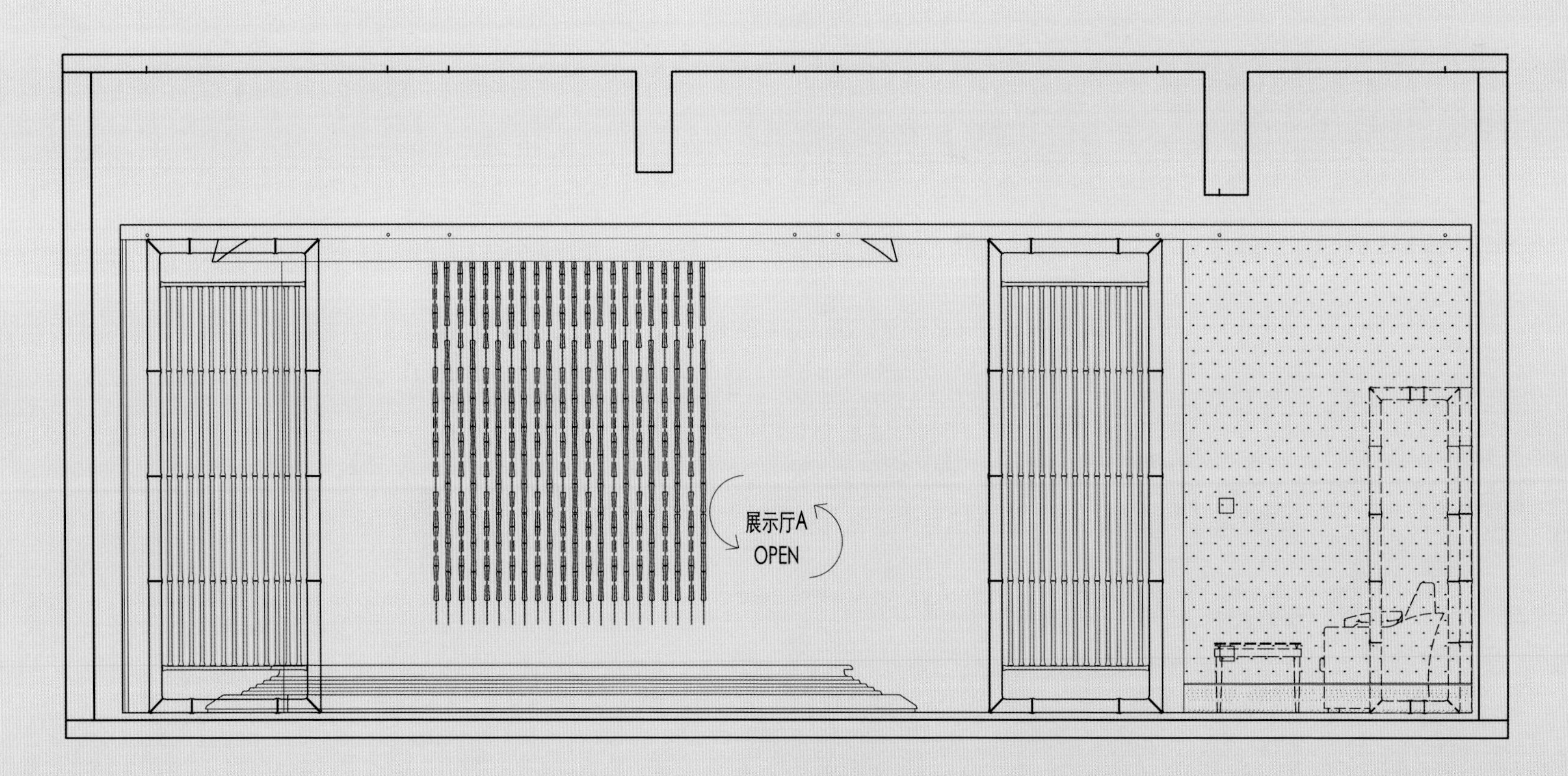

一层展示 B11 立面图

主题艺术装置

入口处主题艺术装置为该空间设计的精神堡垒，天然竹节通过透明鱼线串联组合成了一个“天圆地方”。透过中心孔洞，后面是一幅由天然材质拼贴而成的、气势磅礴的巨幅水墨山水画，在底下薄薄一汪清泉缓缓涌动下如梦如幻。清风过处，水波浮动，连同连接天地的管竹相互共鸣……在这静谧的氛围中，仿佛置身于那山、那水、那片竹林之间，“禅”便是在此了。

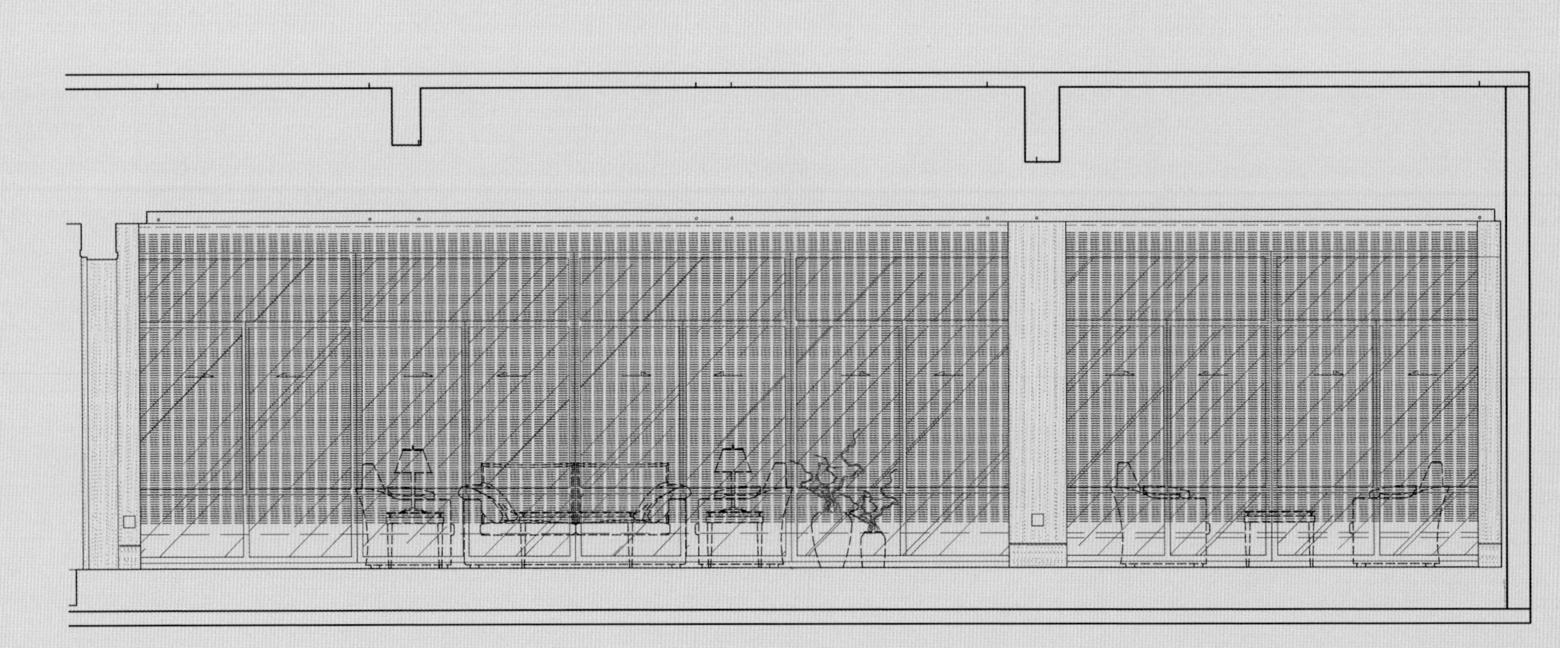

一层休息洽谈区立面图

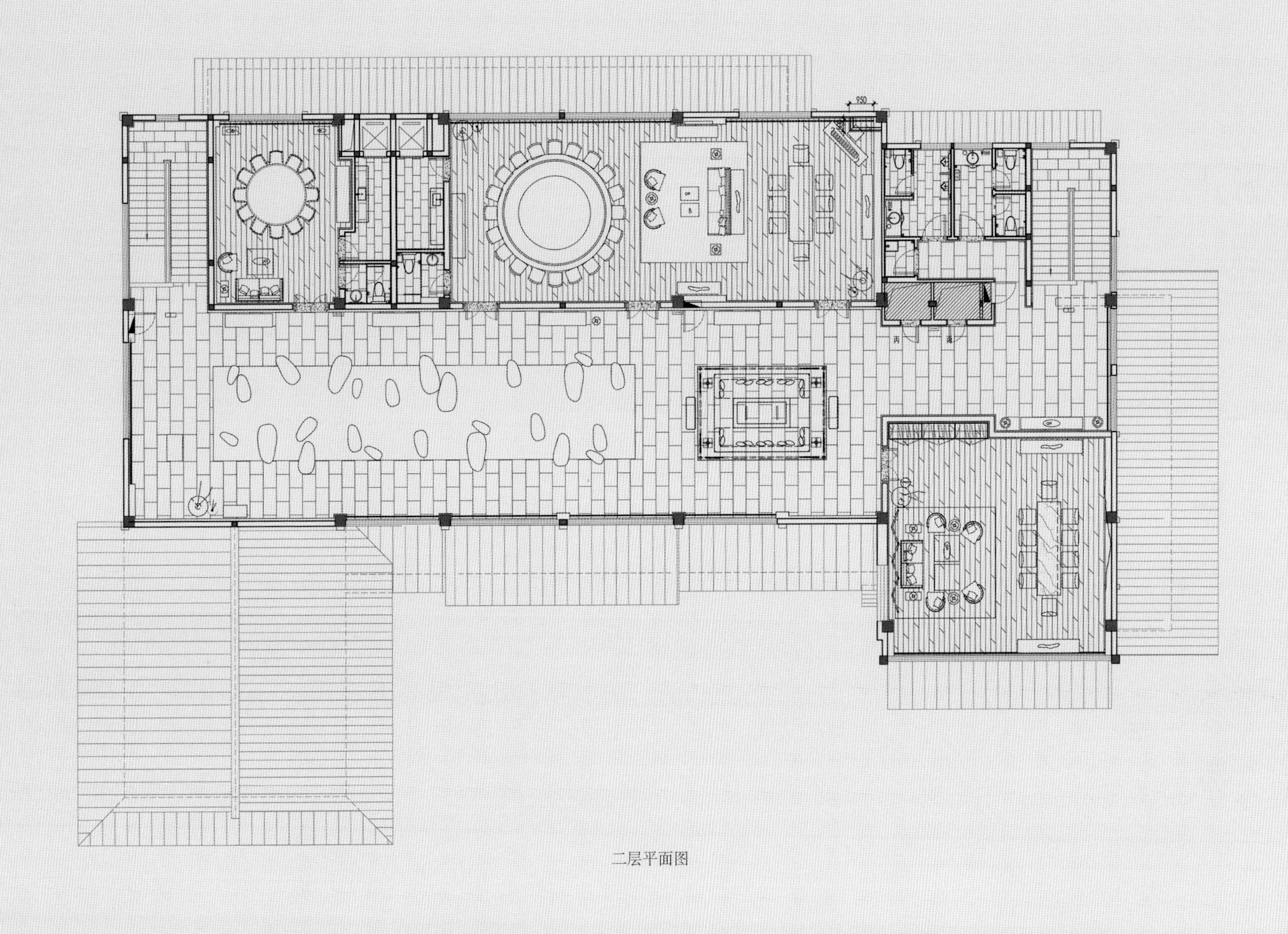

二层平面图

禅意一隅

最末端的小竹亭掩映在一层自天而下的半透明纱幔里，它有着个直白的名字——发呆亭。顾名思义，在这里唯一需要做的事就是发呆而已。偶尔发发呆、放放空，远离都市的尘嚣和烦忧，真应了"一沙一世界，一花一天堂"的意境。在禅意的角落里，人们能够忘记生活的烦躁，在静谧中"诗意地栖居"。

销售空间

作为销售空间，其不同于一般城市里所常见的空间布局，也感受不到丝毫的商业气息。门外树木、藤蔓苍郁葱茏，摒弃了世俗喧嚣。门内青苔丛生，小径幽然，掩映成趣，仿佛置身于喧嚣之外的另一个世界，唯有这样的环境，才能在闹市中窥探天人合一的境界，将生命的本质升华到另一个层面。你来或不来，她都静静地立在那里，在这山水间、烟霞中，静守一份恬淡与和谐，等候着心中的知音。

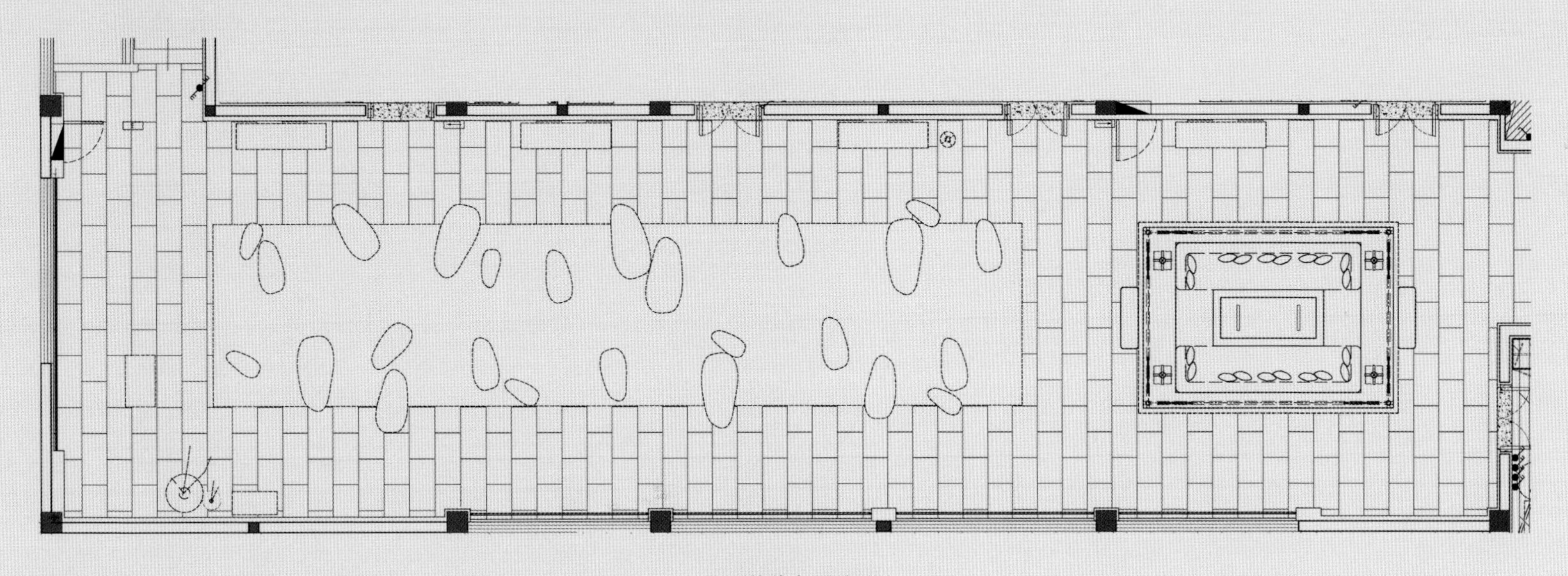

二层接待大厅平面图

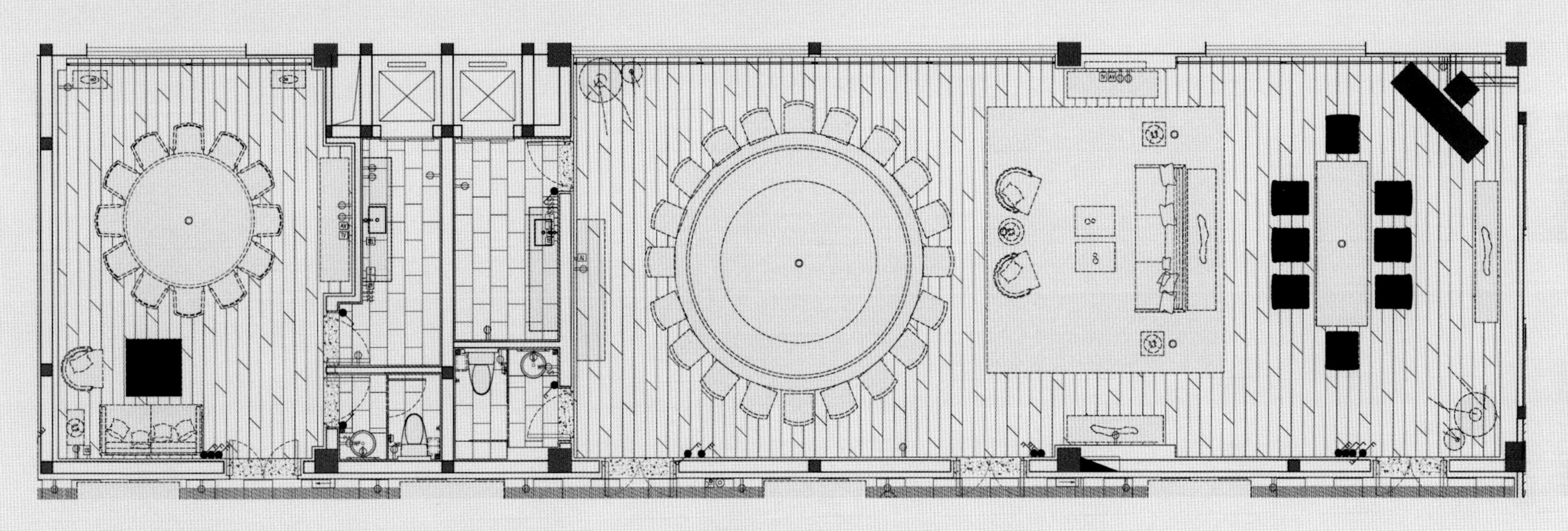

二层接待室平面图

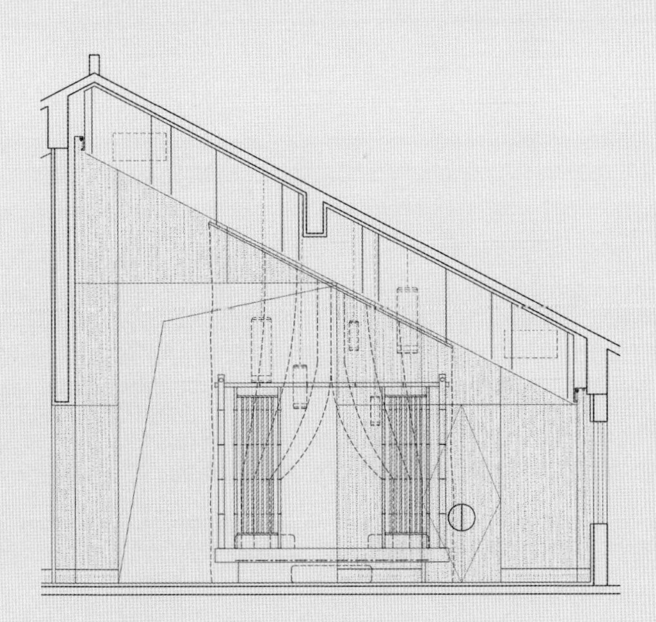

二层接待大厅立面图

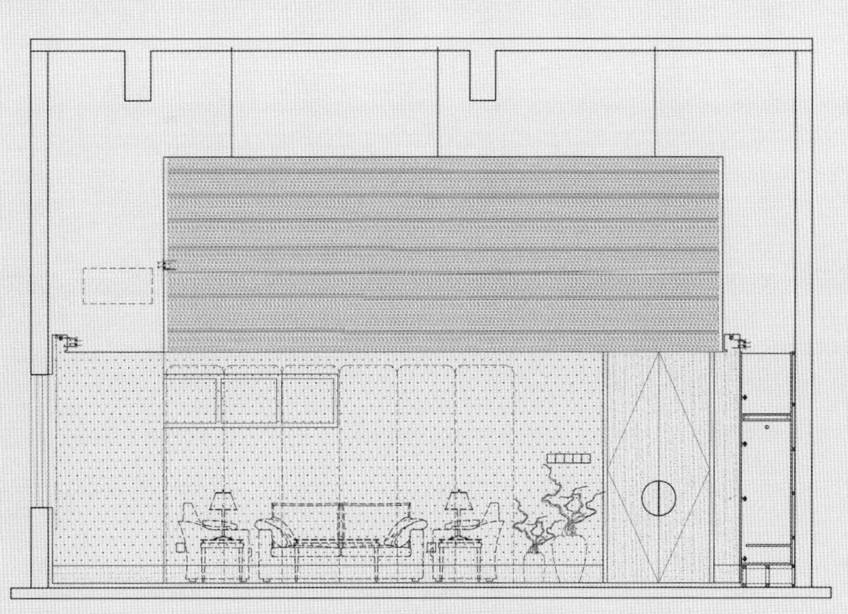

二层 VIP 包间立面图

TIAN DI REN HE - LUOCHENG HUI

天地人和 - 雒城汇

设计公司：葵美树环境艺术设计有限公司 / 设计总监：彭宇 / 设计师：汪宏 / 地点：四川省广汉市 / 面积：5000 平方米
摄影师：傅光 / 主要材料：伯利米黄大理石、爵士白、杭灰大理石、黑胡桃饰面板、仿皮、艺术漆等

项目概况

本案位于有着丰厚历史文化资源的广汉市，古名雒城。此项目所处地段是企业聚集的城市新区。
项目定位是集酒店、餐饮、宴会、会议为一体的园林景观式综合休闲场所。

独家专访

葵美树环境艺术设计有限公司

HKASP | 先锋空间:

本案在室内设计上也延续了建筑设计的特色，在元素运用上非常丰富，请具体谈谈其中运用到的地域文化元素及其内涵。

我们设计的初衷，是要在时尚的都市空间里传递当地深厚的历史底蕴。本案结合了广汉市（古称汉州、雒城）丰富的历史、宗教、文化典故、传统手工艺、民俗活动等地域文化元素，让其在空间中和艺术装置上得以重新演绎和解读。

在功能区域划分上，我们借用 了著名的汉州古八景的历史文化典故，将古景点的景观意境解构，与现场空间的功能需求、景观建筑的展示手法进行重组。

在室内空间中，结合川西地区的民间建筑手法，将梁、柱、穿斗、斜坡顶、封檐等结构进行简化和重组后引入室内，形成有地方特色的室内空间。

艺术品装置方面，从古蜀水文化的隐喻象征，汉州古八景的记忆重现，宗教文化故事的现代解读，到民俗文化的精神延续，借此演绎了我们对当地历史文化的敬意，重构了地域记忆，呈现出极具当地文化特色“方言”的空间解读。

彭宇

葵美树环境艺术设计有限公司

设计总监

HKASP | 先锋空间:

本案在空间布局上非常讲究，请具体谈谈。

本案在建筑空间中将传统中式建筑群的庭院、廊道、台阁等做了丰富的变化，以达到追求“移步换景”的视觉空间效果。在功能运用中，将中式的建筑空间结合实际的多种商业功能需求，如宴会、会议、包房、客房等，按照高标准度假酒店的需求，做了很多的结合，并且充分利用了中式坡屋顶的高空间，使之呈现出完全不同于都市酒店商业空间的视觉感受。同时，非常巧妙地利用了传统中式建筑空间的借景手法，将室外的景色轻松又严谨地引入到室内。每个空间的视觉重点均不相同，即有重点体现地域文化的空间，也有重点引入外景的空间，交错呈现。每一组家具，每一件装置，均力求实现在空间中的平衡。

设计理念

作为广汉地标式的旅游度假项目，地域文化的表现也是设计思想及主题的核心。我们以汉州八景和广汉的水文化为元素，通过不同的当代艺术手法将其贯穿在整个空间的环境设计中。虽具有古旧的印象，但并不复古。最终形成既有传统文化的底蕴，又有时代精神的整体效果。

设计手法

在庭院式的建筑形态上，通过露台、中庭、内廊等空间的过渡形成了景观和室内相互映衬的关系，运用借景、框景、造景等设计手法的综合处理，在室内与室外景观中穿插，营造丰富却又并不繁重的视觉感受。

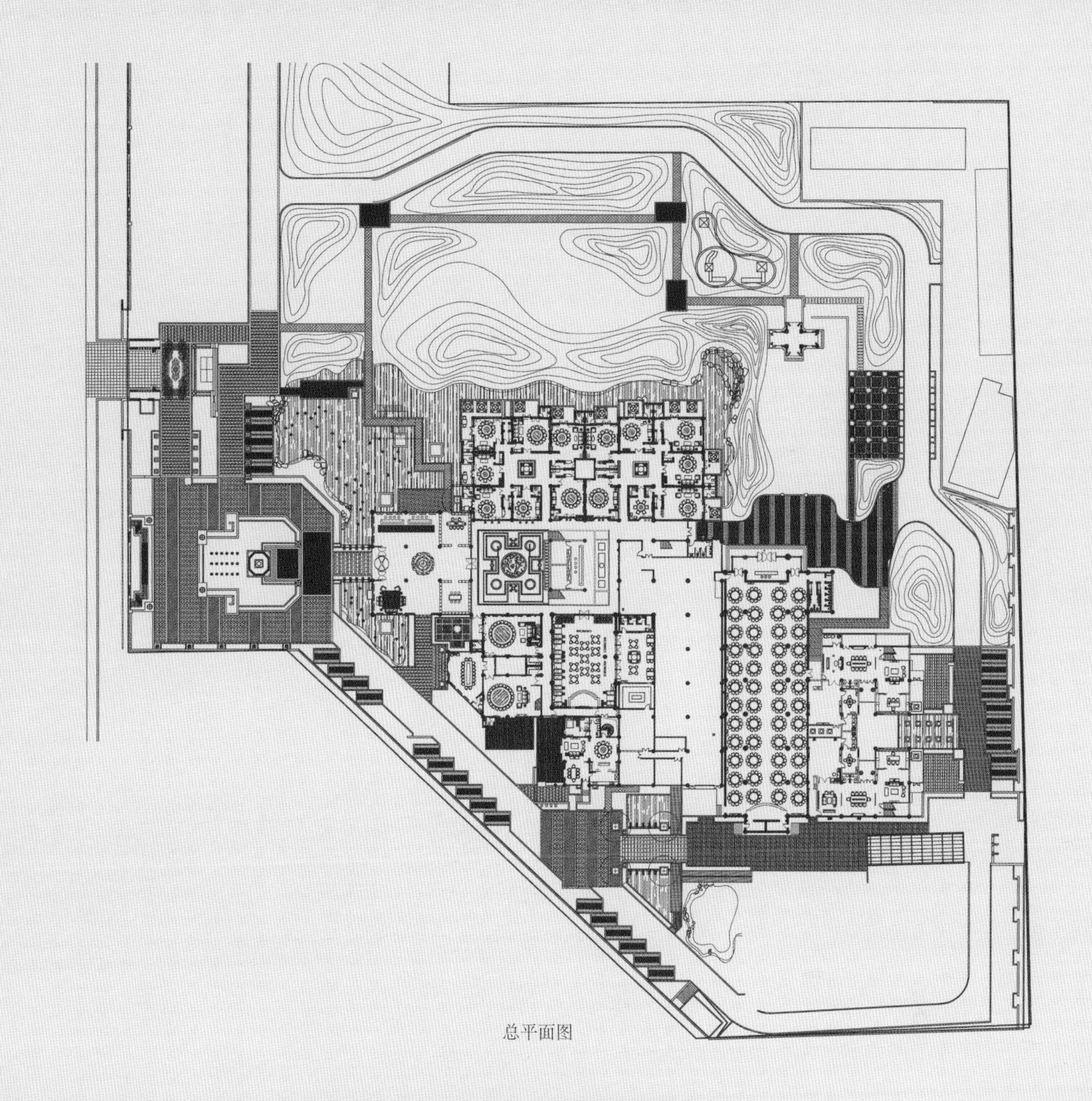

总平面图

TIANJIN BIANYIFANG
天津便宜坊

设计公司：北京和合堂设计咨询有限公司 / 主设计师：王奕文 / 地点：天津市 / 面积：1400 平方米
摄影师：孙翔宇 / 主要材料：石材、金色特殊漆、装饰灯具、装饰绘画、印纱画

项目概况

宋朝文化的博大精深，浅酌低唱的闲情逸趣，用现代设计的视觉语言和思维方式表达出来，形成跨时代的文化沟通。希望“如梦如幻”的大宋情怀带给观者身临其境的感受，成为有深远意义的设计空间。

独家专访

北京和合堂设计咨询有限公司

HKASP | 先锋空间:

设计师营造了一处清雅的名士雅座，整个空间以古典画作穿插出各种不同场景，请具体谈谈这样设计创意的灵感。

“便宜坊”最初设计启动前，业主提出的设计要求是如何改变传统便宜坊的形象，让空间成为顾客心中带有文人意境的餐厅。于是我们赋予此空间“唐宋情怀”的主题，以唐朝及宋朝山水、花鸟画作、词牌意境等为载体的“叙事”方式来演绎大手笔一致、小细节丰富的设计风格。宋代之山水画，博大如鸿、飘渺如仙、意境挥洒如行云，所选之画品也调成灰色调。希望利用通透的纱画来界定空间感。绿影互动，有山水，有庭院，顶棚穿插云间的高山流水水墨画与现代空间的微妙变化，亦古亦今。让客人仿佛置身于时空穿梭的意境中，梦回唐宋。

HKASP | 先锋空间:

本案在中式元素运用上可谓用心，尽显经典，请具体谈谈。

便宜坊是个百年的老品牌，设计师希望品牌的商业内涵通过设计手法的运用淋漓尽致地展现给消费者，让客人感受到老店新的运营模式。用新的设计理念及方式来表达中式元素，无疑能给这个品牌注入新的活力。

唐宋在文学、艺术等领域都达到历史的一个高峰，尤其是绘画。山水画多柔和、温雅，气势宏大，追求意境。本案运用大量画作作为贯穿整个空间的元素，再配以变异的中式窗格，中式灯笼，中式刺绣纹样等。入口处高高在上的亭台，将空间分为两个区域，一侧为相对独立的半开放空间，另一侧为传统意义上散座区。利用通透的纱画来界定空间感。

前往包间区的必经之路，用宋代山水绘画作品制成的通透隔断将走廊和散座区很好的分隔，并可根据经营的需求开启或关闭，展现大宋文人的生活方式。

最深处的包间区走廊材料选用天然的木质饰面和原始感很强的肌理漆面，序列感的顶棚造型，加上整排的照明灯，清淡、高雅。

20 人的大包间满足了高端商务的需求，入口处灰金色的序列排列略显奢华之态，严谨的家具配色，写意的大型绘画作品宫乐图，组成雅致、舒适的空间，开放的包间宛若山水画之中的一处雅居，水波荡漾，树影婆娑，鸟语花香，将人们带入幽幽神往的意境之中。

王奕文

北京和合堂设计咨询有限公司

设计总监

便宜坊

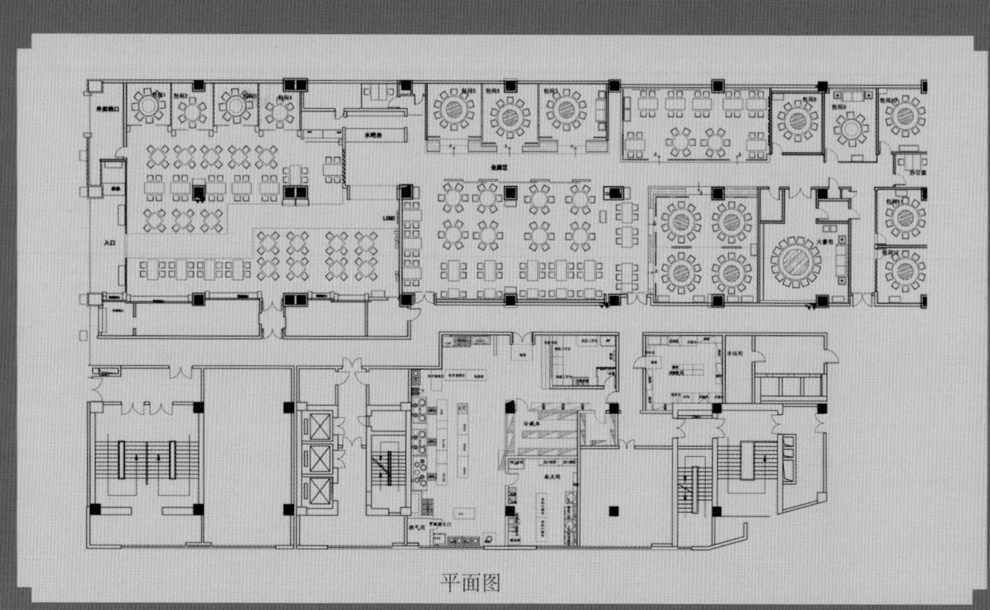

平面图

SHANXI ZHASHUI LUYUAN INTERNATIONAL HOTEL

陕西柞水麓苑国际大酒店

设计公司：深圳市同心同盟装饰设计有限公司 / 主设计师：陈伟文、邓锋波 / 地点：陕西省商洛市 / 面积：34947.9 平方米
主要材料：木材、马赛克、大理石、瓷砖

项目概况

麓苑国际大酒店位于中国秦岭山脉南麓的避暑胜地——陕西省柞水县境内，坐拥崇山峻岭、一河两岸的山峦美景。本案意在打造西北地区首屈一指的生态度假酒店。

独家专访

深圳市同心同盟装饰设计有限公司

HKASP | 先锋空间:

本案极具民族特色，空间中随处可见精致、典雅的民族符号与元素，请就其中几处典型的元素运用详细谈谈。

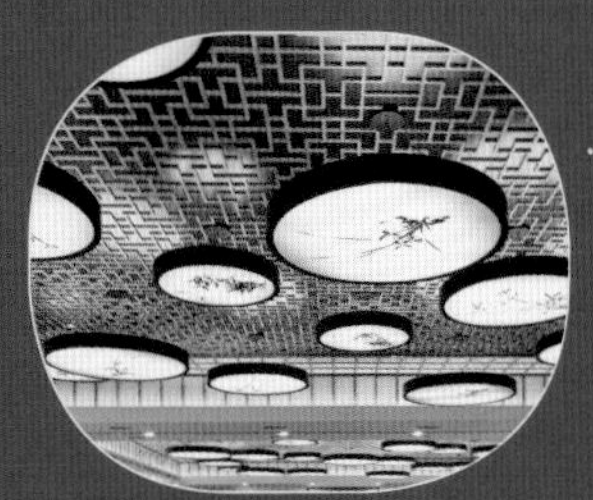

陕西柞水麓苑国际大酒店为东南亚建筑风格和现代中式风格相结合的案例。我们传统的设计很注重空间的构建，像在本案中随处可见的中国元素，如屏风、窗棂、中式木门等就能很好地划分空间，既营造了层次感，又带出有味道、有故事的意境。如在大堂休息区的一角，我们运用简易的木质隔断将区域分割，既保证空间的通透，又巧妙地实现静闹分区，提高私密性。再如，在大堂、餐厅、客房均有图案各异的屏风、木门及墙上不同材质的木格栅，还有富有当地民俗特色的挂画，都是别有寓意，旨在创造经典且现代的中式风。同时，我们坚信细节体现设计，藤编吊扇、灯笼吊灯、金属材质的中国风摆件，“花中四君子”的系列地毯，都体现了设计师的心思。

HKASP | 先锋空间:

本案在色彩运用上也是独具特色的，整座建筑与自然完美融合，请具体谈谈本案的色彩学。

陈伟文

深圳市同心同盟装饰设计有限公司

创始人

酒店位于秦岭山脉南麓，坐拥崇山峻岭、一河两岸风光，如何让建筑内外和自然融合，是我们重点思考的问题。外观屋顶和酒店整体造型采用当地建筑风格，配合暖调灯光，在夜晚，给人曲径通幽、柳暗花明的情趣。室内则通过褐色系木材和灰色石材，通过深浅对比、明暗对比、造型对比，达到内外呼应的效果，不仅打造了原木风情，而且还原了自然风味。另外，为了给空间注入灵动的感觉，我们在中餐馆区选用大红面料座椅及配色和图案极其丰富的地毯，让整个空间立刻精彩起来，又彰显出活力。

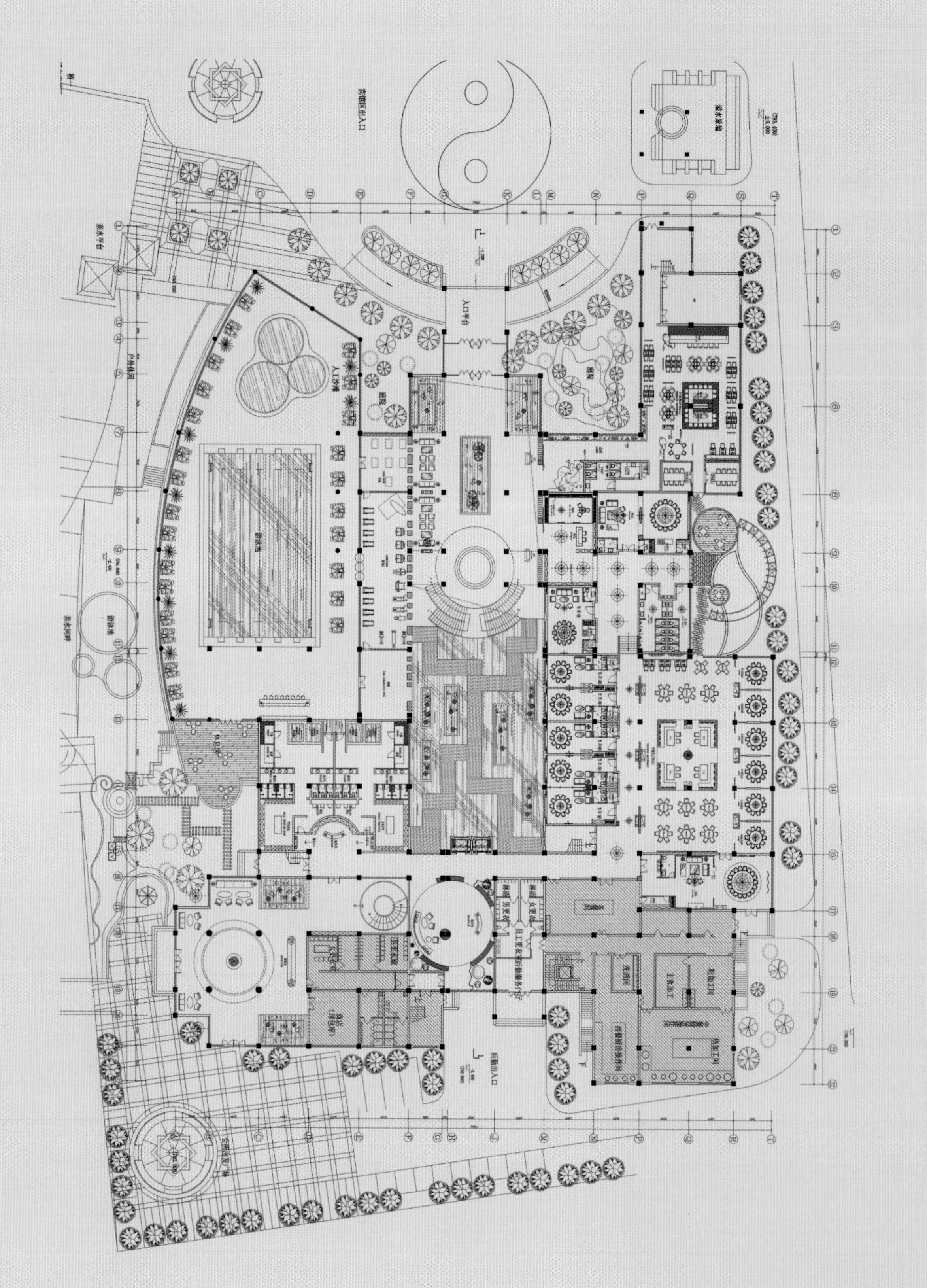

B 区一层平面图

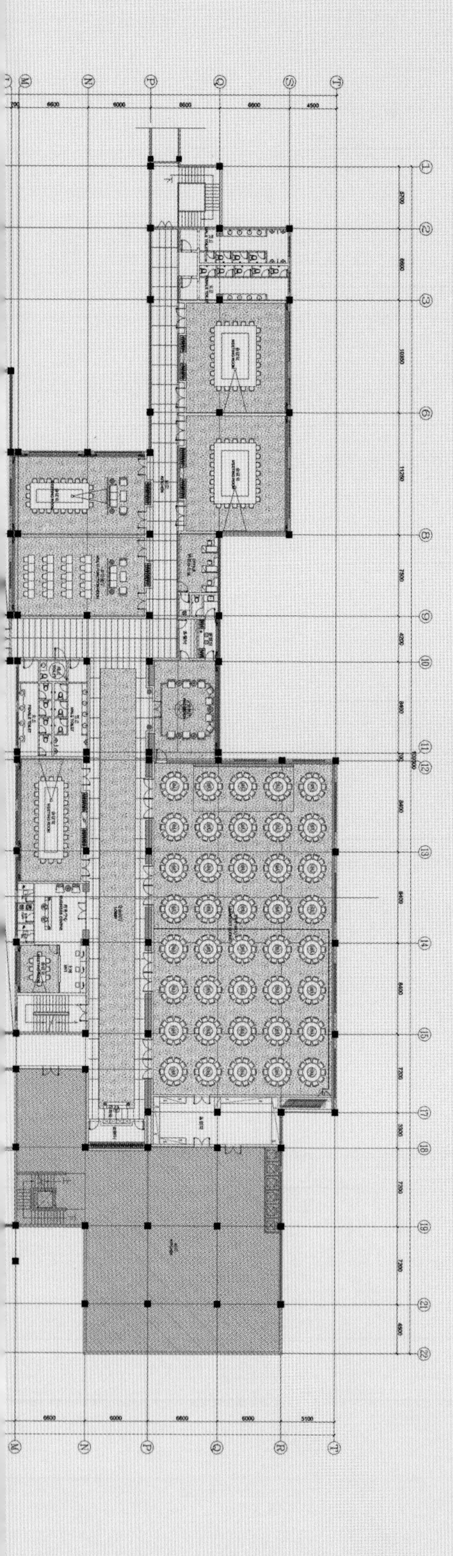

B 区二层平面图

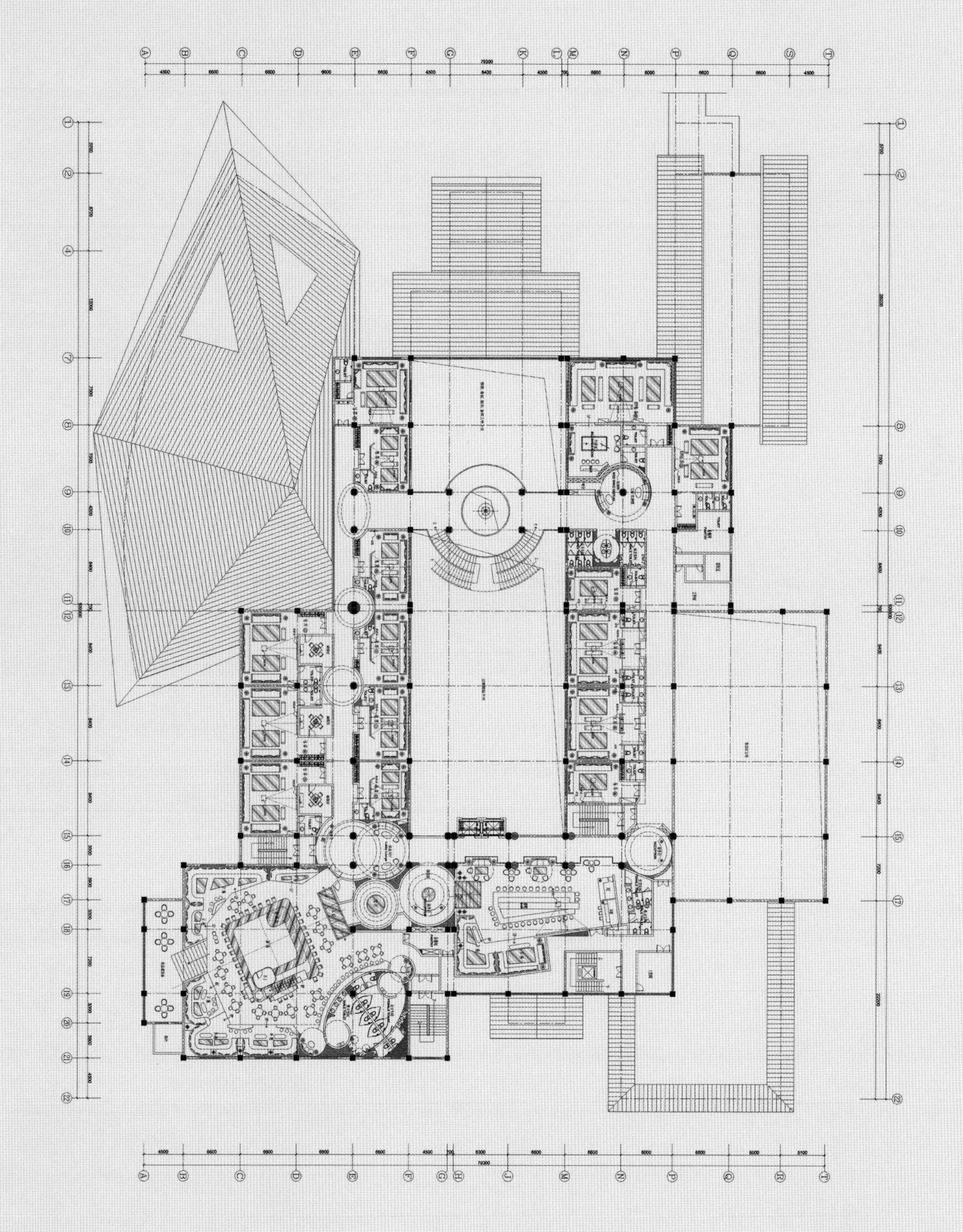

B 区三层平面图

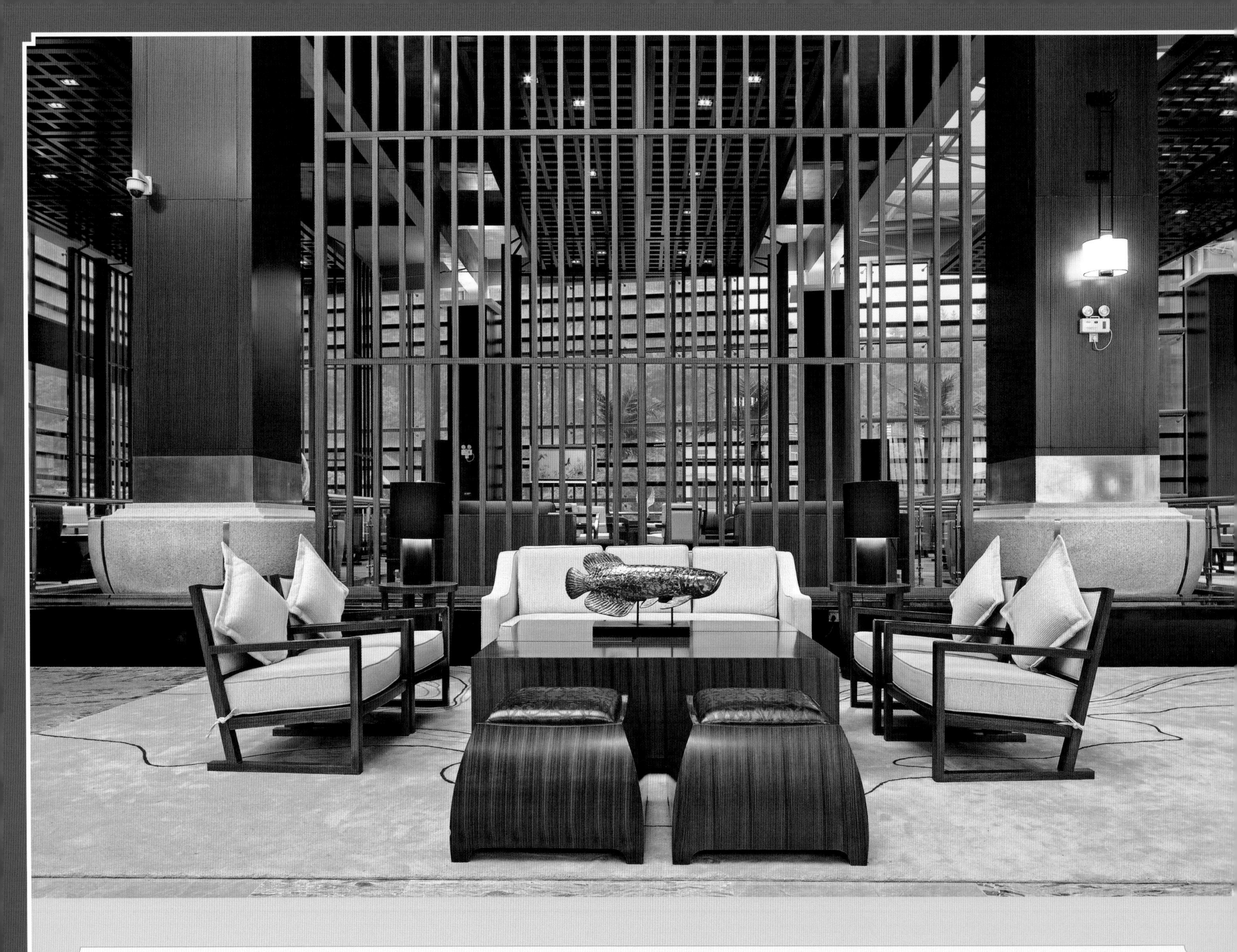

设计理念

酒店得天独厚的地理位置和自然环境给予了设计师极大的灵感来打造悠闲、自由且与自然景色和谐融合的风格。建筑元素随处可捕捉，样式多变的屏风和窗楹，低调却精致的木雕细节，与酒店建筑外观相互呼应。

软装设计

挑高的吊顶配上大气、典雅的中式吊灯，给酒店带来了经典、简洁的中式风格。当地特色的水秀石被细心的设计师发掘，并改造成颇具造型感的时尚摆件，出自当地艺术家之手的装饰画丰富了酒店的特色元素和纯朴的艺术气息。

色彩搭配

大堂一侧独特的微型喷泉水台，在绚丽的灯光下增添了一抹浪漫、神秘的色彩。室内恒温游泳馆顶棚上的蓝天白云，和角形深沉的木作造型，似星星的点点灯光，让人仿佛在天然泳池里畅游。

材料运用

客房里独家定制的家具、复古的藤编吊扇、床头木质感的马赛克、洗手台旁特色造型的摆件，以及最值得一提的精心设计的浴室推拉门，无一不彰显设计师重自然简单、时尚的设计理念。

LUYUAN
INTERNATIONAL HOTEL
麓苑国际大酒店

DAIMOND KTV

WEIFANG PULLMAN HOTEL
潍坊铂尔曼酒店

设计公司：J&A 姜峰室内设计有限公司 / 设计师：姜峰、袁晓云 / 地点：山东省潍坊市 / 面积：41500 平方米
摄影师：郑航天 / 主要材料：贵州灰木纹大理石、索菲特金大理石、黑仑金大理石、金萍影、灰影木、皮革、艺术壁纸

项目概况

在酒店的设计过程中，除了要反映品牌本身的特性之外，还要结合当地的文化，
让顾客在短暂停留间也能融入当地，感悟每座城市独特的文化氛围。铂尔曼酒店就是这样一家深受当地历史起源、文化氛围和民俗文化启发的酒店。铂尔曼酒店是法国雅高酒店集团旗下的系列酒店之一，“雅高”在法文中的意思是“和谐”，高度概括了其品牌的哲学理念，
体现了愉悦、恬静、和谐的铂尔曼酒店的品牌特性。

独家专访

J&A 姜峰室内设计有限公司

HKASP | 先锋空间：

J&A 在色彩搭配上非常用心，使得整体酒店空间舒适中洋溢着浓浓的传统韵味，请就本案的色彩运用具体谈谈。

我们为了让宾客产生与当地文化紧密相连的亲切感，让地域文化与铂尔曼精神兼收并蓄。在酒店的设计中，萃取了风筝这一元素和传统建筑的红色，用以传达吉祥、祥和的寓意。

红色寄托着人们的理想和愿望，与人们生活有着密切的联系。在大堂温馨、舒适的空间氛围中，我们运用醒目的红色点睛，增加空间色彩的层次。中餐大厅简洁、明快，空间以红色为主色调的花鸟画为背景，并以喜庆的红色点缀，同时与家具的色彩上呼应，巧妙地将潍坊深厚的文化底蕴融入空间设计之中。

HKASP | 先锋空间：

本案形态各异的灯饰运用尤其令人目不暇接，更令整个空间增添了无限艺术感与传统气息，请详细谈谈本案几处经典的灯饰运用。

在酒店的灯饰设计过程中，除了要体现空间的特性之外，还要结合当地的文化与哲学，让顾客在短暂的停留时间内也能融入当地，感悟这座城市独特的文化氛围。

酒店大堂中，我们将独特的豪华水晶吊灯与风筝骨架元素巧妙结合，给人带来强烈的视觉震撼力，体现了潍坊悠久的文化韵味。大堂空间中的吊灯萃取风筝的主要特点，融合了现代的设计表现手法和材质。独特水晶吊灯打造了空间的华丽质感，渲染了温馨的氛围，与空间有着完美的结合，使人流连忘返。

姜峰

国务院特殊津贴专家，

J&A 姜峰室内设计有限公司

董事长、总设计师

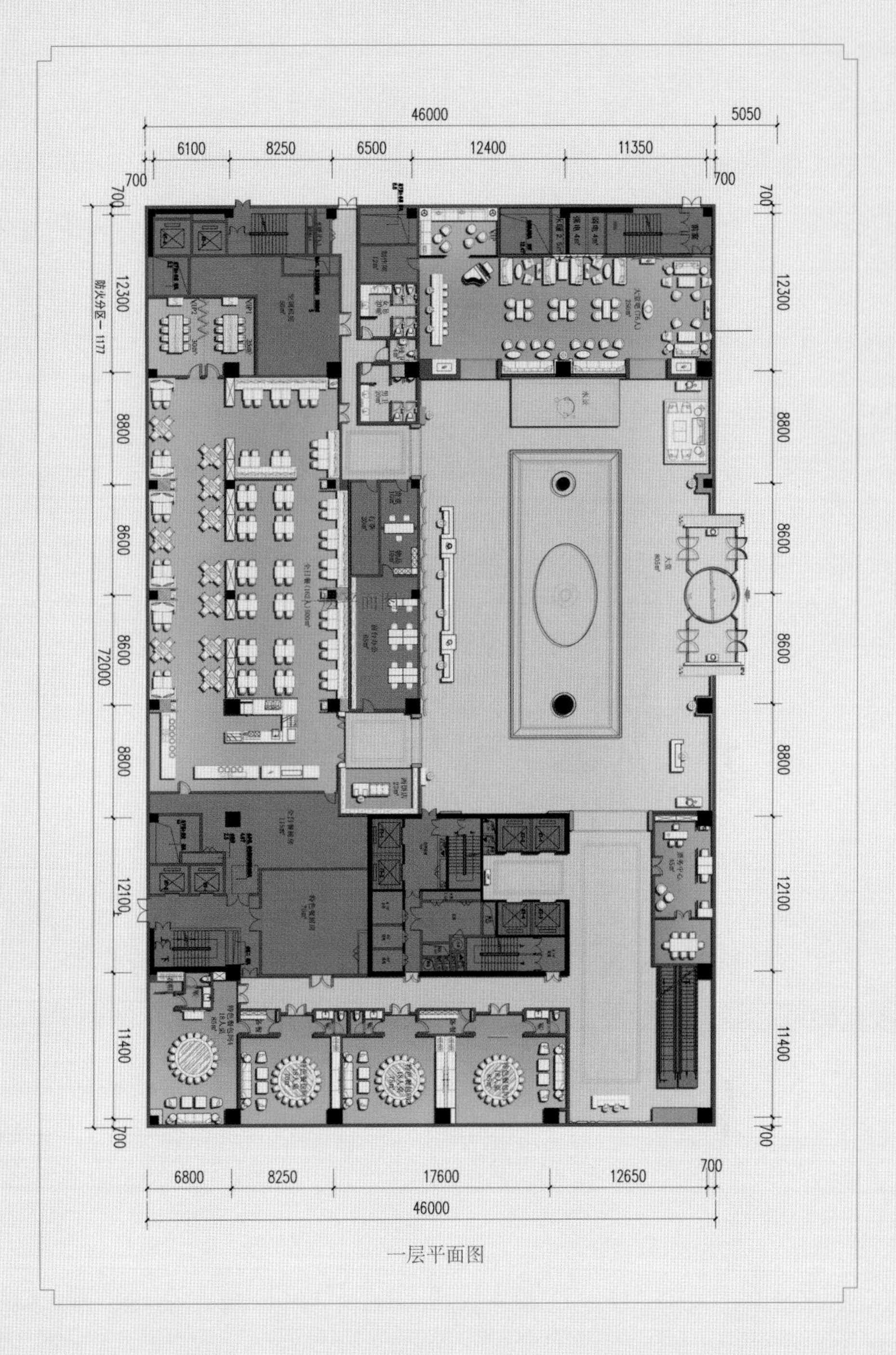

一层平面图

设计理念

艺术源于生活而又高于生活，潍坊铂尔曼酒店坐落于山东省潍坊市，“草长莺飞二月天，拂堤杨柳醉春烟。儿童散学归来早，忙趁东风放纸鸢”，表达的正是这种艺术的生活方式之一 。潍坊又称潍县、鸢都，制作风筝历史悠久，工艺精湛，潍坊独特的季风气候，孕育了独特的风筝文化，成就了“风筝之都”在国际上的地位。潍坊风筝是山东省潍坊市传统的手工艺珍品，放风筝成为民间传统节日文化习俗。风筝产生于人们的娱乐活动中，寄托着人们的理想和愿望，与人们的生活有着密切的联系，而这些代表城市文化历史的素材成为了 J&A 设计的灵感来源。

设计元素

J & A 为了让本案的宾客产生与当地文化紧密相连的亲切感，为了让潍坊铂尔曼酒店实现这一愿景，精心打造出一个拥有独特个性的酒店。让地域文化与铂尔曼精神兼收并蓄，水乳交融，渗透进酒店的每一个空间中。该酒店以风筝为设计主线，并以当地建筑画和市花等作为点睛。设计中萃取风筝的主要特点，抽象解构成点、线、面的形式，融合现代的设计表现手法和材质，风筝、建筑画、市花等与空间自然完美的结合，空间中元素各具特点，又恰到好处地相互映衬。整体设计将酒店文化提升到一个新的高度。

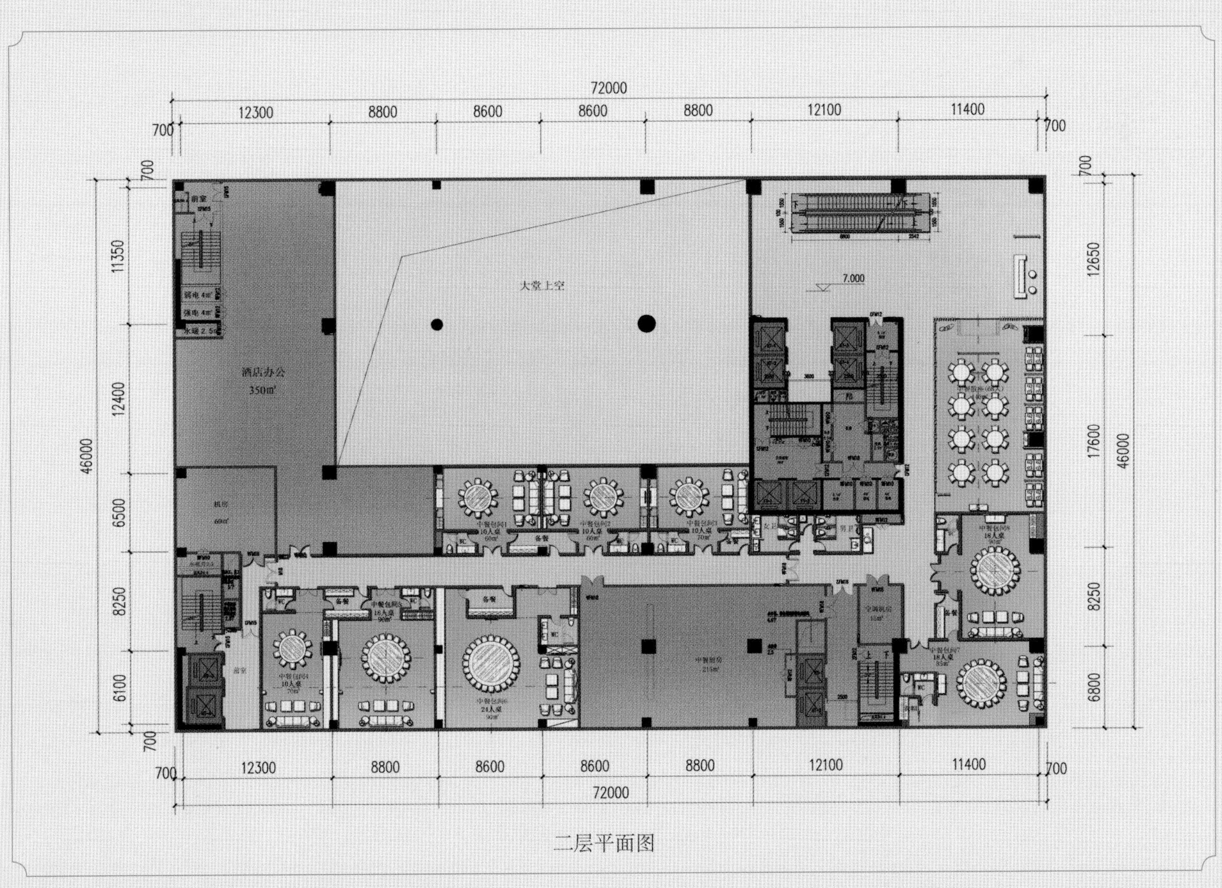
72000
700
12300
8800
8600
8600
8800
12100
11400
700
11350
12400
6500
8250
6100
46000
12650
17600
8250
6800
大堂上空
酒店办公
350㎡
7.000

二层平面图

宴会厅 3
BALL ROOM

Fit
LOUNGE

WANDA REALM JINING HOTEL
济宁万达嘉华酒店

设计公司：J&A姜峰室内设计有限公司 / 设计师：姜峰、袁晓云 / 地点：山东省济宁市 / 面积：42000平方米
摄影师：郑航天 / 主要材料：银白龙大理石、木纹黄大理石、法国金花大理石、黑橡木、灰影木壁纸

项目概况

济宁万达嘉华酒店是万达集团在鲁西南地区重资打造的首家国际五星级酒店，酒店坐落于济宁市中心商圈的核心位置。
济宁，这座城市拥有别具一格的城市气质和人文气韵，作为孔子文化的发源地，济宁在世界文明发展史上起着举足轻重的作用。
独特的城市气质造就了济宁不可复制的人文情怀。加之京杭大运河的贯通，运河文化和孔孟文化相得益彰，交相辉映。
高雅的孔子六艺，内涵丰富的运河文化，则是济宁人民物质财富和精神财富的具体体现。

独家专访

J&A 姜峰室内设计有限公司

HKASP | 先锋空间：

本案在传统元素运用上非常丰富，并且进行重组创新。请您谈谈这些元素的具体运用及创新手法。

在项目设计上，我们提取了济宁的特色文化，并以孔子六艺为设计主线，运用孔子六艺（礼、乐、射、御、书、数），以及运河文化抽象写意水墨的艺术形式，以现代的设计手法融入空间设计之中。

在酒店大堂，我们可以看到挑高的空间，熠熠生辉的水晶灯，处处体现出万达五星级酒店的奢华气质。其中特别引人注目的是酒店大堂的背景，背景墙的设计是由2 500个字砖组合而成，极具立体感，我们希望用新颖的方式展现济宁孔子之乡的悠久文化韵味。

HKASP | 先锋空间：

本案形态各异的灯饰运用令人目不暇接，更令整个空间增添了无限艺术感，请详细谈谈本案几处经典的灯饰运用。

酒店空间的灯饰设计不仅满足灯光照明的需求，其优美的造型形态，体现出浓厚的地域文化，在酒店大堂空间中，最引人注目的是水晶吊灯，是我们提取了六艺中的乐（编钟）为设计元素抽象演变而成的，豪华的水晶吊灯极具立体感，给人带来强烈的视觉冲击。在大堂吧的设计中，我们将儒家文化的竹简元素与顶棚灯具巧妙结合。现代绚丽的水晶灯，将济宁千年的文化气韵和现代气息相结合，营造了极具特色的地域氛围。

姜峰
国务院特殊津贴专家，
J&A 姜峰室内设计有限公司
董事长、总设计师

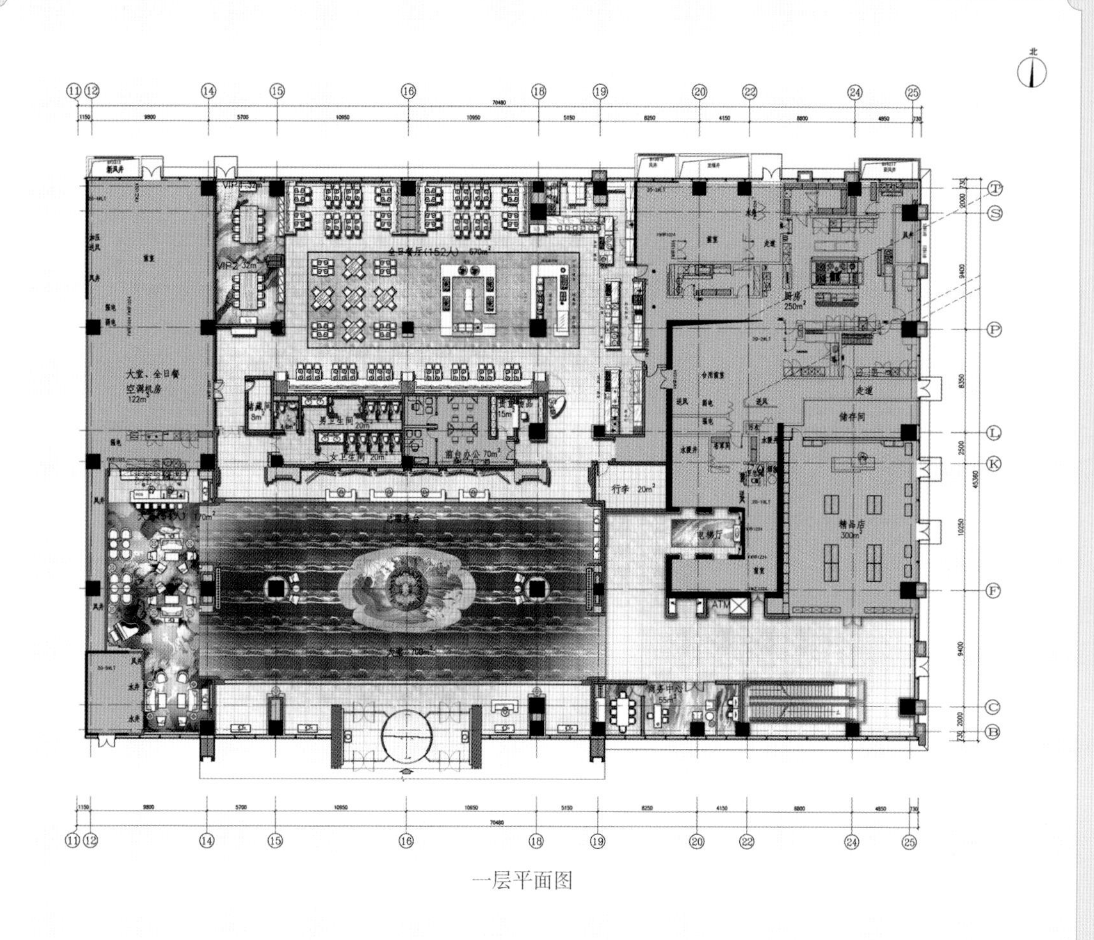

一层平面图

设计理念

万达嘉华酒店品牌以“华”为落脚，寓意“华丽”、“华彩”和“奢华”，汉字“嘉”原意善与美，即嘉言懿行，万达嘉华酒店取“嘉”之精粹，意在营造奢华的“世外桃源”酒店。在项目设计上，J&A 提取了特色的济宁文化，与万达嘉华酒店品牌相结合，该酒店以孔子六艺为主线，融合运河文化等设计元素，展示出济宁丰厚的历史文化底蕴，让客人在休憩之余体验别样的文化之旅。以现代、舒适、简洁的设计理念，运用孔子六艺（礼、乐、射、御、书、数）和运河文化抽象写意水墨的艺术形式，用现代手法融入空间设计之中，营造出现代、简洁的儒家韵味。

空间布局

进入大堂，挑高的空间、熠熠生辉的水晶灯，气势恢宏中装饰细节的别具匠心，处处体现万达五星级酒店的奢华气质。其中特别引人注目的是酒店大堂的背景，背景由 2 500 个字砖组合而成，极具立体感，以新颖的方式展现了济宁孔子之乡的悠久文化韵味。

LOBBY LOUNGE

19F
EXECUTIVE LOUNGE
5F
健身中心
HEALTH CLUB
游泳池
SWIMMING POOL
美发沙龙
BEAUTY SALON
3F
大宴会厅
GRAND BALLROOM
多功能厅
FUNCTION ROOM
贵宾室
VIP ROOM
2F
ZHEN
CHINESE RESTAURANT
齐鲁菜馆
QILU RESTAURANT
1F
大堂酒廊
LOBBY LOUNGE
美食汇全日餐厅
ALL DAY DINING RESTAURANT
商务中心
BUSINESS CENTER
精品店
BOUTIQUE

材料运用

大堂的设计与整体一脉相承。将儒家文化的图案与木材巧妙地结合，纯净、雅致的陶瓷瓶整齐地排列，给人带来强烈的视觉冲击，现代的家具，绚丽的水晶灯，将济宁千年文化气韵和现代气息结合，打造出地域特色浓厚的酒店空间。首层电梯厅，设计师将现代简约主义与地域色彩融会贯通，选用石材和亮面不锈钢作装饰材料，现代且华丽。墙上将印有传统图案的艺术品密集排列，重复造型带来震撼美感。在全日餐厅的设计中，J&A 通过木材与石材相结合，营造出具有典雅氛围的全日餐厅。在喧闹的都市之中，将会带宾客远离尘世的喧嚣、感受觥筹交错的快感，品尝山珍海味，大快朵颐。

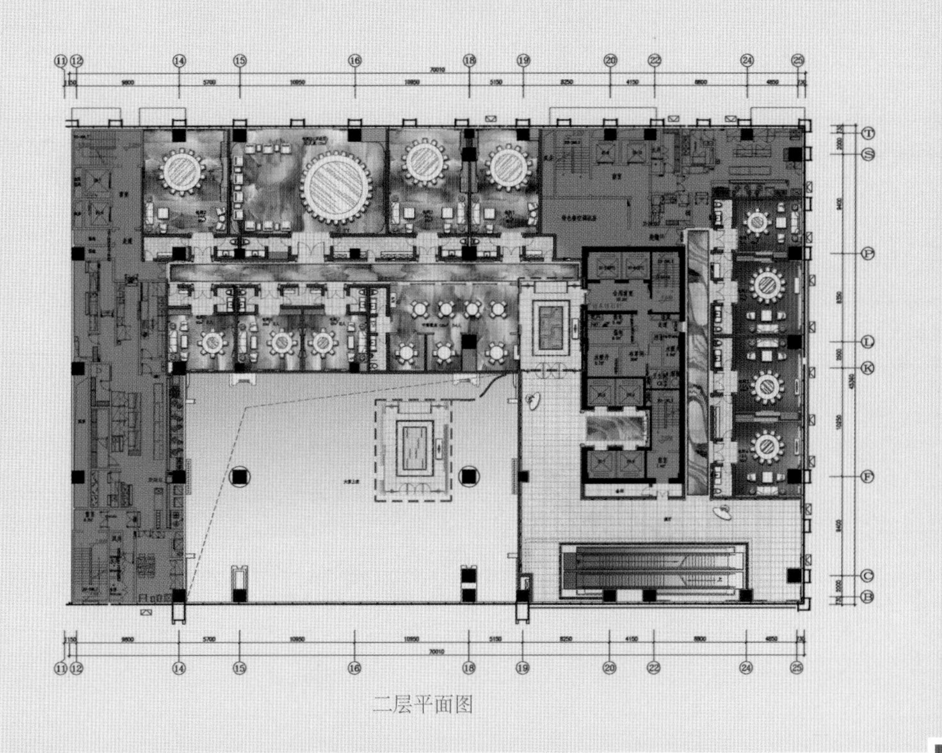

二层平面图

色彩运用

进入万达厅，巧妙的灯光设计营造了空间的华丽质感，红色渲染了热闹的氛围，通过美食佳酿的精致感受到匠心独具的华丽空间，使人流连忘返。贵宾接待厅设计简洁、明快而不失华丽，以“孔子讲学”的场景为主背景，并以质朴的靛蓝色点缀，同时在灯具内加入细腻的“汉”文化纹样，巧妙地将济宁深厚的文化底蕴融入空间设计之中。游泳池以蓝色为主色调，白天畅游其中，想象在大海中仰望蓝天白云。夜晚则更加奇妙，顶棚上星星点点的灯光一点点亮起，人仿佛置身于浩瀚苍穹中。酒廊，悠闲舒适的气氛，让您可以在这儿度过轻松愉快的时光。享用一杯美酒，佐以精美小点，无论独自小酌或与三五知己谈天说地，同样怡然自得，定能尽享惬意。

客房中暖色木饰面的体块与儒雅细腻的布纹壁纸相搭配，营造了低调、奢华氛围，地毯上的写意水墨，唤醒了人们对运河文化的历史记忆。再看细微处，借助“韵味荷花”“山水意境”等装饰品和摆放在桌面、悬挂在墙壁上的儒学经典字句，衬托出孔子精神中“礼”“乐”“书”的观点；家具与灯具内细腻的“汉”文化纹样，则是对东方文化的延续。整体空间营造出独特的东方韵味，缔造出济宁的千年文化气质。

曰學而時習
之不亦悦乎

TIANSHUIYUE FAIRYLAND HOT-POT RESTAURANT

天水玥秘境锅物殿

设计公司：周易设计工作室 / 主设计师：周易 / 地点：台湾省高雄市 / 面积：1480 平方米
摄影师：和风摄影　吕国企 / 主要材料：文化石、铁刀木皮染黑、锯纹面白橡木皮、杉木实木断面、旧木料、黑卵石

设计理念

商业餐厅之于现代人的意义，除了味蕾上的满足，还可以作其他层面的追求。
例如，精神层面的延伸。本案颠覆一般人所知的餐厅形式，也考验市场的接受度，周易设计以佛手、佛头、浮烛和线香等清净语汇调和空间氛围，打造一处将美味锅物与奇幻谧界相契合的主题空间，透过具象与抽象的演绎，平息芸芸众生相的情绪起伏。
灰阶建筑宛如城郭般安定、质朴，斑驳底色加上两侧低限开窗，内敛传递类似私人会所的概念，正面嵌上发光的铁壳字，上书遒劲飘逸的“天水玥”三字，一次打响品牌意识，如同清晨的梵钟一般，直直敲进了观者的心坎。
外观骑楼回廊引入苏州园林的文人浪漫，古旧枕木与铁足嵌合一字排开，与用来承托雨遮顶盖的修长柱灯相呼应，回廊和主建物之间的水景浮岛上，精心种植随风摇曳的翠绿幽竹和山蕨，颇有孟浩然笔下“竹露滴清响”的醉人诗意。

空间布局

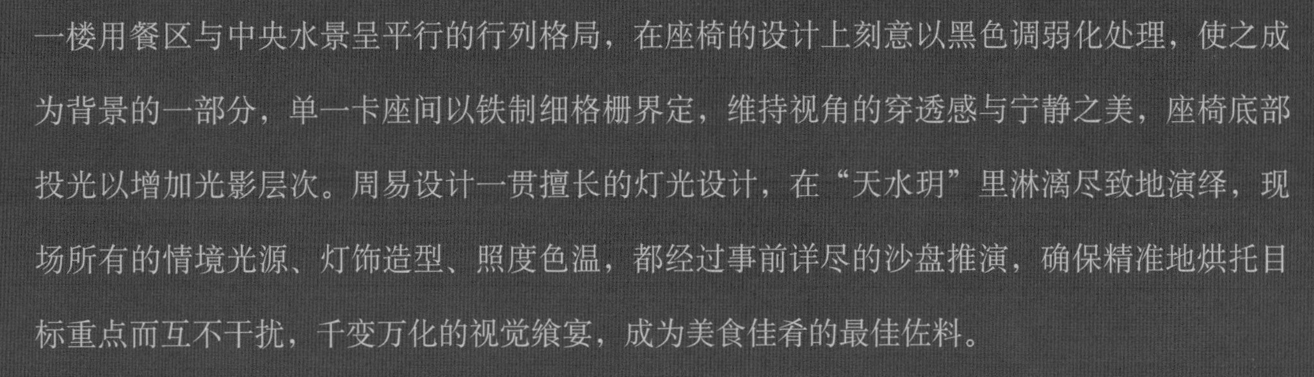

一楼用餐区与中央水景呈平行的行列格局，在座椅的设计上刻意以黑色调弱化处理，使之成为背景的一部分，单一卡座间以铁制细格栅界定，维持视角的穿透感与宁静之美，座椅底部投光以增加光影层次。周易设计一贯擅长的灯光设计，在“天水玥”里淋漓尽致地演绎，现场所有的情境光源、灯饰造型、照度色温，都经过事前详尽的沙盘推演，确保精准地烘托目标重点而互不干扰，千变万化的视觉飨宴，成为美食佳肴的最佳佐料。

空间的挑高也是此案一大优势，跟着仰角视线往上，两侧墙面以老木排列堆栈，诠释陈旧但温暖的时间感，木头的肌理在灯光微波下别有一番刀劈斧凿的粗犷。二楼衔接两侧用餐区的回廊以大量原木剖面贴覆，造型面的高低差，彰显木头天生的纯朴与香气，地面的线条与墙面的壁灯，适度在奇幻的时空里完成动线引导。精神层面的丰富加上多种风情元素群聚的气势，让“天水玥”与众不同的情境氛围，恒久地沉浸在由古老东方美学浓缩后的结晶状态之中。

元素运用

推开镂刻云纹的木雕大门，两侧巨大的描金佛手擎天而立，向上撑托的手势仿佛要推开刷黑的屋顶，也是最吸引来客打卡上传的看点。沿着直行视线向前，尽头处高达七米的立体佛头雕塑垂目浅笑，在底部光源烘托下刻划出分明的层次，佛首的下颌处恰好悬浮于迷离水雾之上，唇角上扬的弧线散发慈爱、庄严的神韵，让躁动的人心倍感安稳。特别是在佛头与佛手之间，以一座长矩形镜面水景串连，灰阶抿石子砌成的基座两侧内嵌投射灯，与悬浮于水面两列手工制作的玻璃烛灯共构梦幻光影，并时时有氤氲的水雾腾绕其间，与天顶垂挂而下的线香装置相映成趣。与空间的古朴、空灵形成巨大的反差，设计者以电影场景思维布局的情境配乐。不同于似有若无的丝竹之乐，而是节奏感明确、强烈的鼓乐。在热情、磅礴的旋律里，隐约有种祭典仪式情绪激昂的感染力，这类关注多元感官力量的创意，让提案的强度大幅提升。

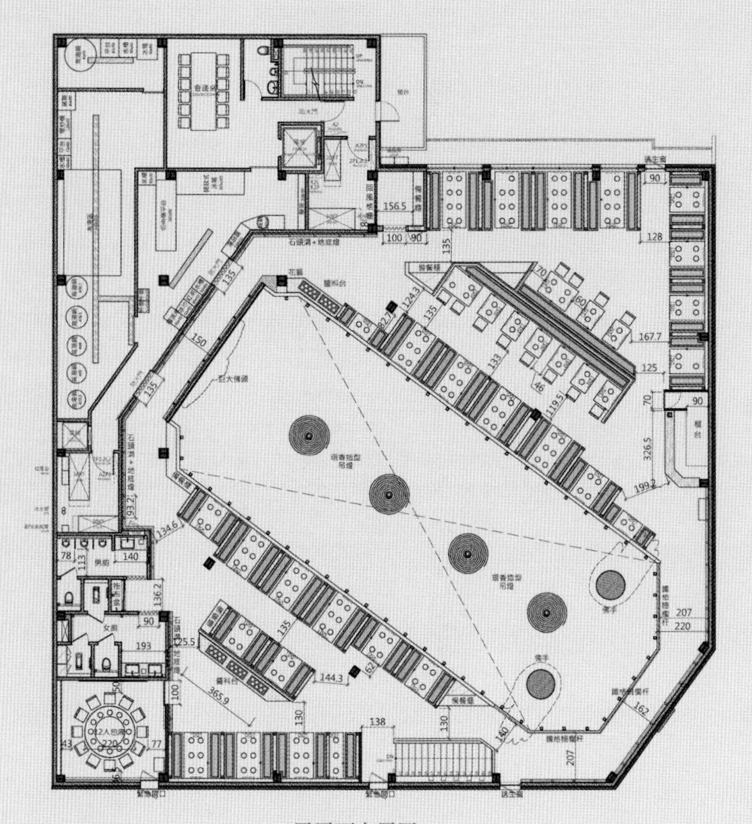

二层平面布置图

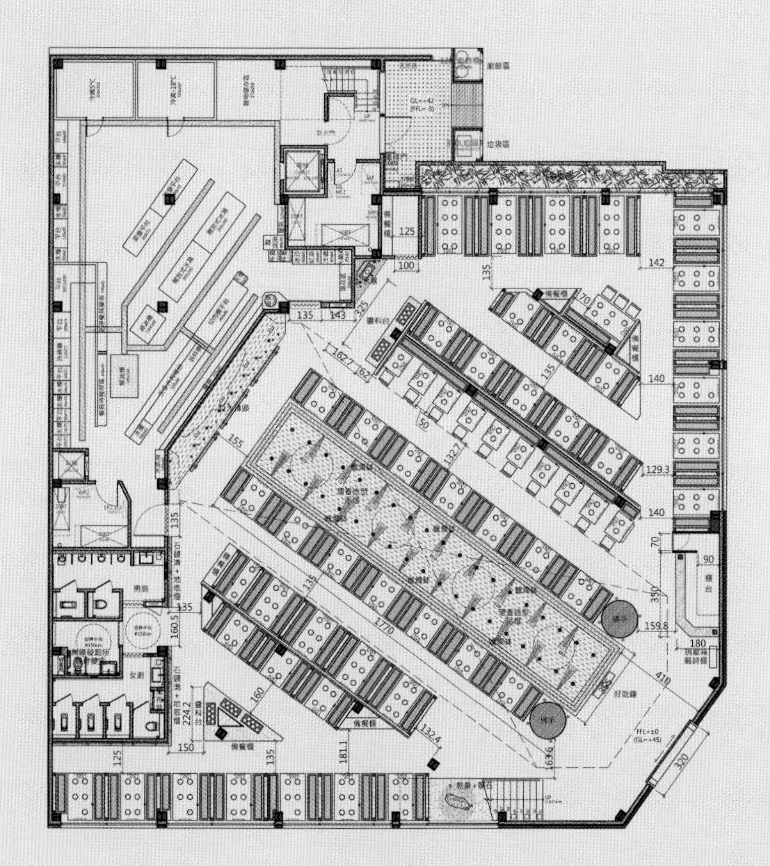

二层平面布置图

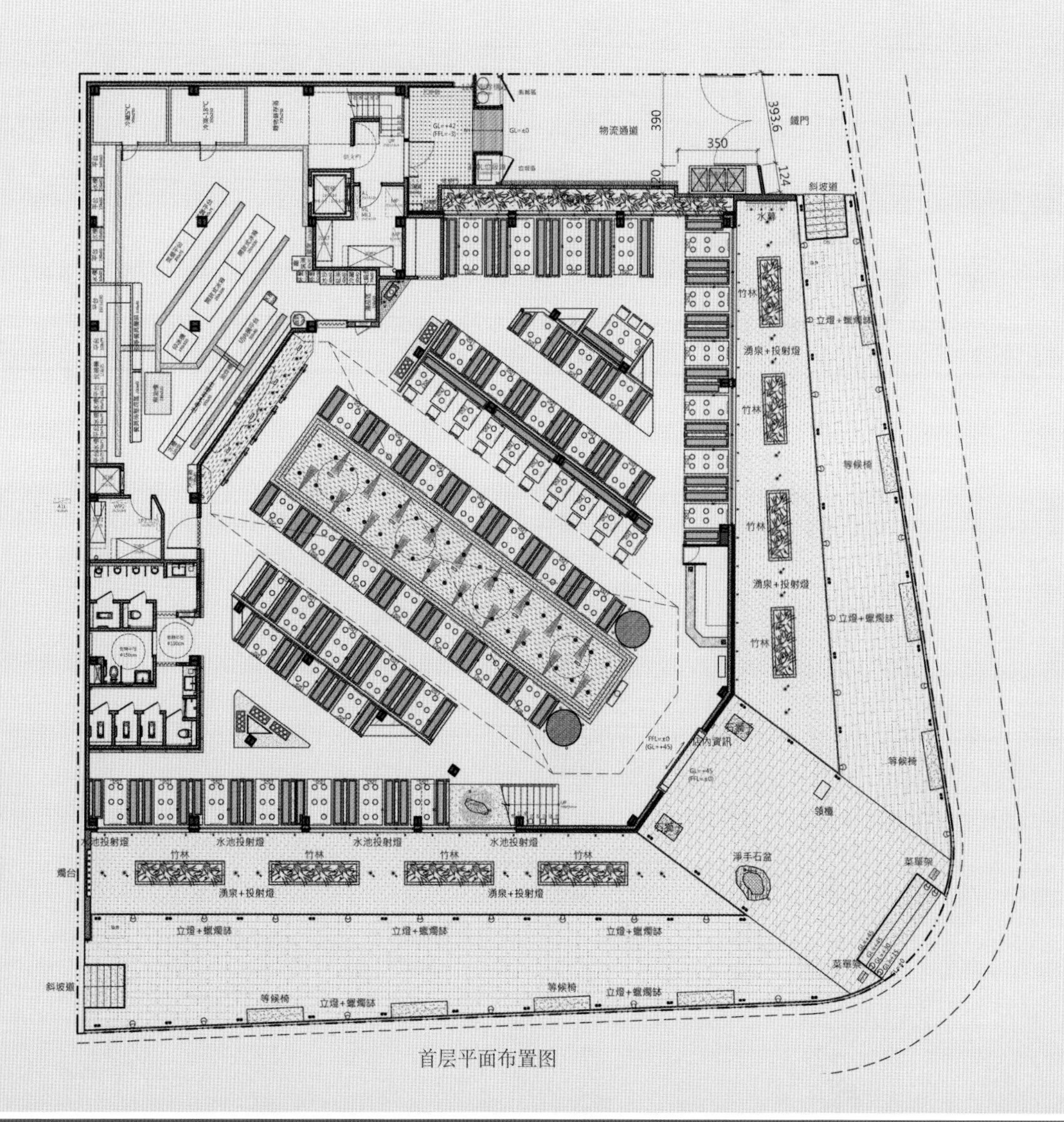

首层平面布置图

MODERN CHINOISERIE

摩登中国风

设计公司：赵牧桓室内设计研究室 / 主设计师：赵牧桓 / 地点：上海市 / 面积：600 平方米
摄影师：李国民 / 主要材料：水泥板、大理石、胡桃木、黑檀木、镀钛不锈钢

设计理念

设计师试图用一个比较简单的形式关系去表达一个大都会的居住方式。设计师预设了两个大前提，一个是现代的调性，另一个则是带有东方的意念。对设计师而言，现代这个理念比较好执行，只要界定它是前卫、时尚还是相对保守即可。比较困难的反而是东方意念，到底东方意味着什么？

当然这个看法见仁见智，每个人的切入点不一样，结果也就不同。每当一个个案开始的时候，对设计师而言都是很不容易的。因为，必须下定决心割舍很多东西，还得找到一个非常清楚的影像，不然的话，设计将会永远停滞不前。

独家专访

赵牧桓室内设计研究室

HKASP | 先锋空间：

本案犹如一幅泼墨的水墨画，给人以飘逸的东风韵味，同时也兼具现代摩登感，请您就本案的元素与色彩运用具体谈谈。

本案设计的关键在平面布局上，我们将回廊的概念运用到了整个空间中。虽然它是把一些现代的形式和调性展现出来，但整体还是能给人一种中式的韵味感。另外，地面材质选择也是关键，我们选用了用于中式屏风上的山水理石，将这种材料用于地板，恰好能将东方的韵味显现出来。其他大的设计则选择了比较现代的方式，但在软装上又比较偏中式，比如在入口设计上，将中国的山水韵味做了重新的诠释。

赵牧桓
赵牧桓室内设计研究室
设计总监

HKASP | 先锋空间：

本案的材料运用上也颇为丰富，为空间的东方韵味增色不少，请您具体谈谈。

在材料的运用上除了地面的山水理石之外，我们也用了水泥板，用了高光完成面的木饰面。其实用高光木饰面我主要还是想把高贵的气质带进来，去延伸和诠释现代士绅和名流的气质。另外，我们也运用了一些对比材料，比如吧台运用了比较粗糙的材料，看起来会相对稳重，兼带点活泼的氛围。此外还选用了亮面与暗面的材质，也包括颜色上的对比，这样也令整个空间显得更出挑。

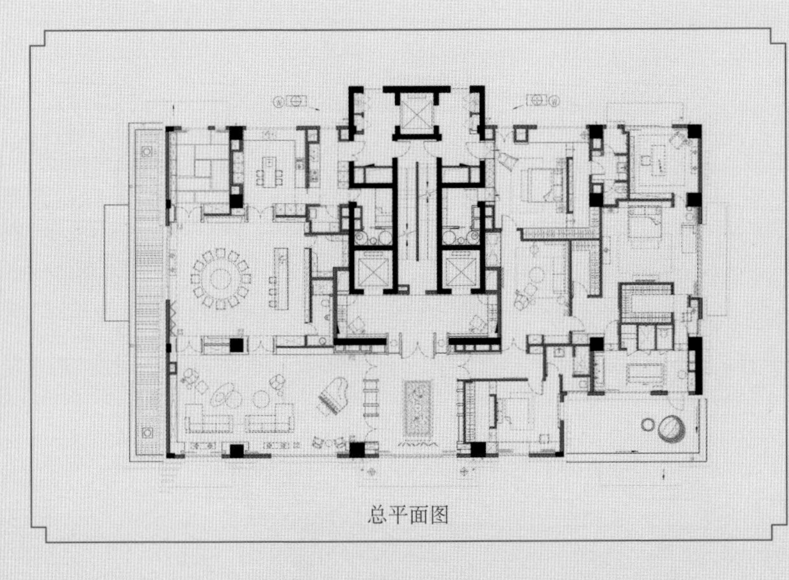

总平面图

空间布局

设计师希望入口能维持早期中式住宅那种大宅门的味道，所以，大铁门加上旁边两头镇宅的石狮子，但设计师在石狮子的后面留了开口，一方面可以让自然光渗透到阴暗的电梯玄关，另一方面，主人不用开门也可以望见外面的访客。最外层的玄关是作为通往右侧公共空间和左侧私密空间的一个转折处，也是一个重要的起承转合点，更是开启这个宅子的关键。同时，设计师还希望它带有隆重的氛围，也希望有水的流动，这可能或多或少受风水的影响。每一个空间的链接处，设计师都安置了条形木门，它也可以隐藏到墙里，这样主人可以自己依照特殊情况和需求分隔空间，从客厅、餐厅到收藏室都是依照此基本逻辑去安排，也很自然形成了该有的动线。从入口玄关向左到各个私密卧室，卧室的安排也是参照传统长幼有序的逻辑去布局。

其实，这种平面布局很规整，空间的景深和境深都会顺着平面形成。不知不觉，设计师无意识地在寻求古代士绅般的生活，但这又是迎合现代的一种生活方式。

元素运用

中国人喜欢自然的东西，这是一种文化特性。特别喜欢搜集石头，从庭园景观造景用的那些奇石，到欣赏大理石里面自然堆砌所成就出来的如画般的天然肌理。为了把这山水般的肌理加以放大并铺满整个空间，设计师索性把自己当成画匠往画布里泼洒墨水，地面造型就完成了。常有人问，到底应该先从哪一个空间着手？平面还是立面，本案的设计师常说这没有固定答案的，就本案而言，首先是从地面造型入手。解决完了地面后，着手平面和空间层次上的划分。但完成一个个案的方法和逻辑是永恒不变的，还得规规矩矩地做完平面，立面、细节、节点等有关的流程，它比较像是个圆形的制作流线而不是直线般的线性工厂流水线。有时候会从一个流程跳跃到另一个流程，然后再回过头来再处理这个流程。

GEMDALE INTERNATIONAL APARTMENT SALES CENTER

金地国际公寓售楼中心

设计公司：Studio HBA| 赫室 / 地点：广东省深圳市

项目概况

金地国际公寓售楼中心由 Studio HBA ｜ 赫室完成了室内设计。

项目是位于深圳湾核心位置的精装公寓，是高新园深圳湾总部基地近 10 年少有的居住类空间，更是金地 32 万平方米综合体——钻石广场内唯一可售项目。

独家专访

Studio HBA| 赫室

HKASP | 先锋空间：

本案整体给人以低调的奢华感，同时也兼具精致典雅的视觉享受。请具体谈谈这一空间调性所针对的消费群体有哪些特点，并如何转译到空间设计中。

本案地处深圳市中心，目标消费群体为青中年精英阶层，他们事业有成，有朝气，但有一定的文化积淀，对生活品质有一定的追求，我们对于本案的室内风格定位是现代东方，当然，不是人们一般概念里的新中式，我们的设计理念是以现代风格为主，只是在文化上注入东方元素，点到为止，并非在视觉上直接呈现。东方文化的空间体现的就是一种宁静而生活质感的气质，这与有一定财富积累又有文化积淀的青中年客户的需求十分契合。基于此，当时我们跟业主在风格定位上一拍即合，之后在设计及施工执行过程都非常顺利，最后呈现的现场效果也基本达到了我们当时的设计初衷，所以还是要特别感谢业主对我们的信任和支持。

HKASP | 先锋空间：

本案的绝美与内敛奢华取决于设计师精细的材料选用，请具体谈谈本案在材料运用上的妙处。

studio hba
赫室

Studio HBA| 赫室

中国古代哲学中有一个关于石头与羽毛的故事，即自然万物有轻盈与厚重，柔软与坚硬的对比，才能达到一种环境生态的和谐。本案在选材上我们从材质的质感，色彩方面实现这种对比，比如我们在地面材质上选用了质地坚硬的大理石，同样我们在墙面即大面积采用了质地柔软的木材及轻盈通透的玻璃屏风，比如我们在模型沙盘上方采用轻盈的玻璃为主体的艺术品，那么我们在沙盘的造型上即采用石材水晶切割的方式体现这种硬朗的气质，其次我们在色彩上也强调这种对比，整体空间我们采用米色和深灰色为主，而采用蓝色作为点缀色，为空间注入活力；其次蓝色也是很东方的颜色，比如我们中国古代的青花瓷，就是蓝色或是白色＋蓝色，在本案中我们也选用了蓝色现代抽象水墨画为空间注入东方的印迹。

设计理念

本项目定位为现代东方风格的售楼中心，整体色调为低调的深色为主，配合轻柔的蓝绿色，使整个空间在更显宁静、优雅，打造高贵、奢华氛围的同时，又不失现代人文环境。设计师巧妙地运用了“神似而非形似”的设计理念，含蓄地表达现代东方的设计风格。签约区选用蓝色作为基调，墙上特别选用东方水墨画营造空间东方意境的空间。

材料运用

整个售楼大厅根据原有筑建结构格局，设计师因地制宜地做了巧妙的对比排序，并且针对过于坚硬的结构感利用玻璃屏风做柔化处理——中国古代哲学中硬挺的柱子与剔透的玻璃隐喻了“石头”和“羽毛”的对比。洽谈区的深色木栅，浅米色大理石地面，配合柔和的灯光，营造幽静的东方氛围。沙盘区上方定制的玻璃装置艺术品配合灯光给整个空间注入了现代生活的活力，呈现雕琢精致的生活品位。

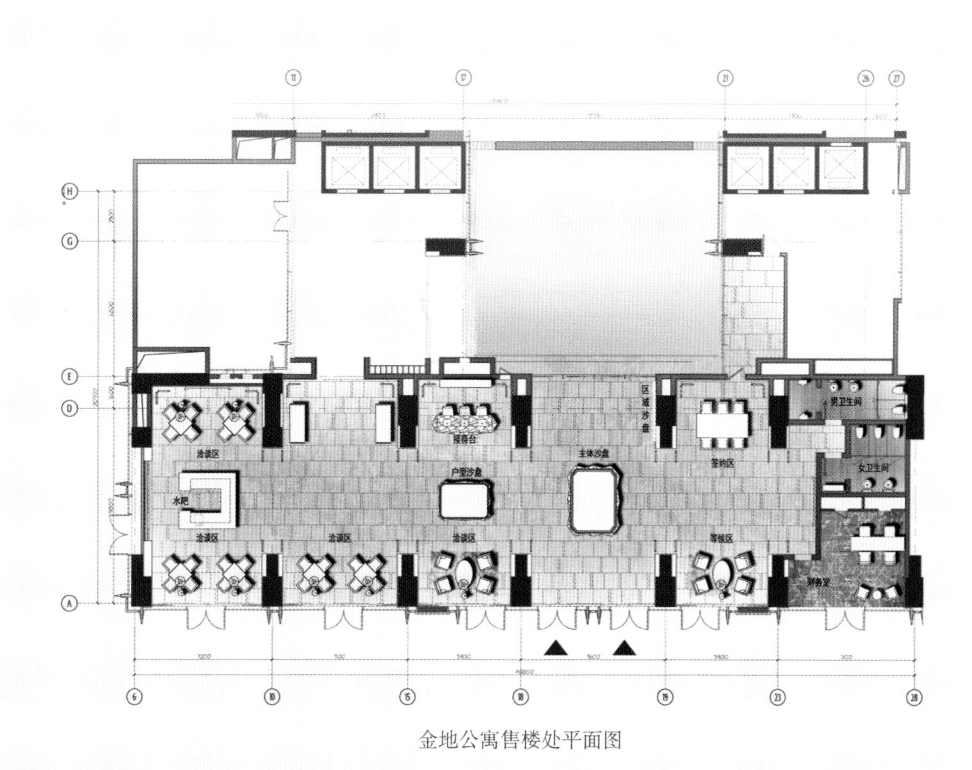

金地公寓售楼处平面图

SANDAWOODS HOT SPRING RESORT HOTEL

檀悦豪生度假酒店

设计公司：深圳百达设计 / 地点：广东省惠州市 / 面积：70 000 平方米

项目简介

檀悦豪生度假酒店位于广东省双月湾沙滩之上，东靠红海湾，西临大亚湾，南向浩瀚的南海，北接平海镇。可全方位、零距离地观赏壮丽的海景和享受私家沙滩，酒店紧邻全球大陆架唯一的国家级海龟自然保护区。酒店占地面积 7 万平方米，拥有 780 套豪华客房。酒店配备了 2 万平方米的配套设施，如超大保姆型儿童俱乐部、100 米云霄恒温泳池、空中书吧、屋顶观海酒吧等。

元素运用

本案没有采用过多花哨的元素，却把十足的中式韵味发挥得淋漓尽致。吊顶折线形的造型具有传统的中式味道，屏风同样采用简单的镂空造型与顶棚造型保持着统一格调。屏风旁边及墙角摆放的陶瓷给人一种质朴而又复古的感觉。除此之外，给人印象最深的就是腰鼓状的石凳，与整个空间的中国风相融合，传达着浓郁的东方风情。卫生间里的盥洗池采用自然纹理的圆形造型，新颖、别致，细微之处体现着中国味道。整个设计没有过多地一味叠加传统的中式元素，而是通过几处简单的点睛之笔将中式的底蕴和深刻内涵展现出来。

色彩搭配

整个空间的色彩以灰色调为主，搭配上以米白色为主色调的家具，局部采用自然的红木色。从空间的色调可以看出设计师意在让来此度假的客人以一种轻松、低调的心态享受自己的旅行，摒弃繁华的灯红酒绿，以及褪去内心的疲惫和压力，真正地全身心地投入到旅行中去。自然的红木色给人一种低调而又不失品位的质感，天然的纹理替代了手工的修饰和雕琢。本案通体上采用了米白色的家具，家具上黑色的线条流畅而不失优雅，黑、白两色形成了良好的互动。卧室里的床品采用了深绿色，是空间少有的亮色，与大面积的灰色调形成鲜明的对比，成为了空间的亮点。

设计理念

酒店位于风景如画的双月湾海滩之上，设计的中心围绕其周边的海洋度假、休闲资源来展开。酒店大堂沿基地纵向中线直到大海作为整个项目的“中枢神经”，其两侧园林景观布置，以最大限度保证视线的通畅性，形成一个度假、居住和娱乐休闲相结合的全新酒店。室内设计融合了浓郁的东方风格和客家人文内涵，并将滨海度假的精髓在“笔不周而意周”处尽显，塑造出一种别样的度假风情。

MOON & HILL RESIDENCE MODEL HOUSE

揶月半山样板房

设计公司：李益中空间设计有限公司 / 主设计师：李益中 / 地点：广东省深圳市 /
主要材料：蓝金沙大理石、灰金沙大理石、木地板、皮革、木饰面、壁纸、硬包、夹丝玻璃、手工地毯

设计理念

用“简单呈现细腻，朴实打造优雅”，尽显奢华、高贵、优雅之美。空间以柔和的米灰色调为主，配合浅灰柔和的色调，奠定淡定、自然的空间基调。本案以细致的设计手法设计一个奢华与品位共存，生活与艺术同在的起居空间。米白色、玫瑰金以及水墨蓝色等明朗的色彩，再加以大地色系的沉淀，让人感受到优雅与奢华的气息，同时勾勒出一丝东方韵味的闲适生活。

独家专访

李益中空间设计有限公司

HKASP | 先锋空间:

本案的空间布局十分巧妙，请您结合不同空间之间的关系具体谈谈如何打造一处舒适、宜人的居家环境。

我们对空间做了重新的梳理及调整，主要是改善了厨房与餐厅、儿童房与书房之间的关系。将厨房打造成开放式厨房，让书房成为家庭成员都方便使用的地方，特别是作为家长辅导孩子学习的亲子场所。开放式厨房是一种生活方式，是一种开放的生活态度。同时，在开放的厨房中，设置红酒柜，呼应本案“舒适、雅致、宁静、高尚”的设计主张。除此之外，我们还运用玻璃的通透性、夹丝玻璃若隐若现的穿透性创造空间景象，并带来某种神秘感，与作品所要表达的气息一脉相承。

一个家的设计应该有更多的交流与互动，空间之间应该相互引申、相互穿透又相互独立。通过空间之间的关系折射出人与人之间的关系，也影响人与人之间的关系。好的设计应该促进家庭成员的交流，利于建构和谐的家庭氛围。

HKASP | 先锋空间:

本案的软装配饰赋予空间浓郁的东方风情，请您结合本案的软装设计具体谈谈。

本案处在大南山麓，郁郁葱葱，偏安一隅，具有优越的地理位置。我们旨在创造一个舒适、雅致、宁静、高尚的生活空间，因而选择了低彩度的暖灰色系作为空间的主色调，用木、大理石、布艺、壁纸等带自然质感或纹理的材料来修饰空间界面，并用一些不锈钢、玻璃等材料来增强其现代感。灯光大部分运用点光设计，以加强明暗变化，塑造宁静的空间氛围。当然，陈设的设计也是极为考究的，围绕东方意境来铺陈家具、绘画、装饰品，让软装与空间硬装的搭配一气呵成。

本案在家具、艺术品及陈设品上除了注重表现现代感、设计感之外，还更多地关注其东方的韵味与气质。书房里，大幅的现代抽象绘画与书法卷轴，客厅茶几上石狮、茶壶、毛笔、兰花，以及玄关靛蓝的抽象绘画，无一不是体现出浓厚的东方意韵，呼应现代东方意境的主题。

李益中

李益中空间设计有限公司

设计总监

材料运用

空间以优雅奢华的材质为主，在软装材料的选择上，以有质感的棉麻搭配带有山水元素的丝光布。家具主要以米白色烤漆及深木饰面为主，局部使用玫瑰金、皮革、大理石做点缀，现代东方风情的韵味让人沉醉。

LIJIANG ST. REGIS RESORT VILLA

丽江瑞吉度假酒店

设计公司：高文安设计有限公司 / 主设计师：高文安 / 地点：云南省丽江市 / 面积：666666 平方米
主要材料：石材、原木、砖、瓦及土

设计理念

沉香氲岁月，古道立苍马。丽江，总给人一种神秘古老、斑斓灵秀之感，它以一种静谧的姿态清唱着原始般纯粹的力量。

在这片两万平方千米土地的清溪湖畔，瑞吉也在用一种纳西古乐般的建筑语言向世人诉说着这里的故事，极尽自然。云雾缭绕的玉龙雪山，如灵性之光般笼罩着这片建筑群体。“我十六年前见到丽江后，觉得它的文化历史传统中有很深厚、很神秘的东西，我很想去认知。当我接到瑞吉这个项目的时候，认识到丽江的纳西族文化历史，我的第一概念就是要把纳西文化里民间生活的元素注入现代性思考后重新展现，我觉得它对我是一种使命。”高先生说道。

独家专访

高文安设计有限公司

HKASP | 先锋空间:

本案仅仅运用了几种最原始的材料，却恰恰打造出这处最贴近本质的度假天堂。请您谈谈本案的材料运用。

为了营造这个最贴近本质的度假天堂，我想把带有当地特色的东西融入进去，让人看了就知道这是在丽江不是在别的地方。选材上我参考了当地人的房屋，定下了硅藻泥、原木、当地石材。硅藻泥虽然是新型材料，但是它有土坯的质感，有一种做旧的感觉。像瓦顶、原木、石材地面都是一些老房子的元素，感觉比较原生态。

丽江的风景很出名，所以我想在房间里尽量去体现其优美的景色。案子大多用落地玻璃窗，这不仅可以让室内采光充分，也将室外营造好的景观拉到室内。对所有床头背景进行造景，透过玻璃窗看去，像幅画，带给人休闲、宁静的感受。充足的阳光也是丽江的一大优势，所以我用光影的虚实去表现它，突出光影变幻的效果，用植物、摆设的斑驳倒影带给人无限的想象空间。度假屋要给人开阔、舒服的感觉，用设计使客人在自己家中就能感受到水景、建筑和玉龙雪山的对话，让空间得到空前的放大。

高文安
高文安设计有限公司
创始人

HKASP | 先锋空间:

本案随处可见或质朴或粗糙的民族元素与符号。请就本案的元素运用具体谈谈。

对我来说，丽江瑞吉不只是一个项目那么简单，我更想把丽江瑞吉做成一个城市名片，在一百年后，它也会是一座古迹，作为文化遗址保留下来。丽江瑞吉地处玉龙雪山脚下，这拥有的不仅是如诗如画的风景，更有近 3000 年历史的纳西族文化的滋养，有着丰富的人文内涵。所以我希望通过我的作品传承历史，把纳西文化里民间生活的元素注以现代性思考后重新展现，民族的才是世界的。

ST REGIS
LIJIANG
THE RESIDENCES
丽江瑞吉别墅

设计风格

酒店整体设计风格秉承中国汉唐宫廷的传统，气势恢宏。中性的色彩、简约的造型、巨型的体量、古朴的质感，渗透着中国古典文化的气节与儒雅的风尚。高档的餐厅内采用新中式古典主义的设计风格，装饰色彩丰富，即体现贵安的特色，也符合国际化高端餐厅的需求。力求体现新中式风格的恢宏大气、雍容华贵和对称美，让人感受到度假酒店的舒适与安逸，享受一份远离城市喧嚣的宁静。功能上追求舒适度，让智能化融入其中，使客人领略前所未有的贵族生活的同时，体验科技带来的舒适。

材料运用

酒店的宴会厅装饰大气、豪华，主材以柚木、青石、金刚板结合，天地呼应，不失主题元素。古朴的中式韵味让客人在此度过人生美好的时光。设计借用中国建筑中传统的符号、元素及色彩将其夸张并强调效果化。最终融合了时尚与古典、材质与环境的相互呼应，呈现了去芜存菁的精神，重塑出一种度假酒店的崭新形象。大量使用的环保材料，更是使度假酒店的舒适感得到升华。

色彩搭配

软装用色以淡雅为主的空间色调统一，装修选材以浅灰色为统一色调，以体现高品质。舒适的客房空间、家居化的家具陈设，使客人体会到一种浓厚的家的感觉，拨动着另一种"爱"的琴弦。客房家具由分体式独立家具组成，其风格在强调协调统一的同时，注重表现家具的特异性和文化性。

JINTAILAI TEA HOUSE (CAR MAINTENANCE CENTER)

金泰来名车茗茶坊

设计公司：台湾大易国际设计事业有限公司、邱春瑞设计师事务所 / 主设计师：邱春瑞 / 地点：广东省深圳市 / 面积：400 平方米
摄影师：大斌室内摄影 / 主要材料：银鼎灰大理石、印度木纹大理石、青石板、仿古砖、钢化清玻璃、夹丝玻璃、艺术玻璃、黑镜、黑钛金、铜片、香槟金、乳胶漆、柚木饰面等

项目概况

本案设计要的不仅仅是环境的美化，更是茶文化氛围的营造。

茶坊作为名车养护中心的高端会所，是集休闲、销售于一体的现代商业空间。茶坊设有艺展台、展示区及六个泡茶坊，让每个进入到这里的人都能在品茶的同时还能欣赏茶艺、古筝表演，让人们能在品茗的过程中体会到一种全身心的放松，体验到心灵的净化与宁静。

独家专访

台湾大易国际设计事业有限公司
邱春瑞设计师事务所

HKASP | 先锋空间:

设计师精心营造出一处幽静、怡然的心灵栖所，请谈谈怎样利用具体化的“事物”营造不同的空间氛围。

“光”一直都是建筑师、室内设计师追求的空间表现手法，由于光本身没有固定的形体，而且光可以通过跟现实事物之间的种种关系来实现艺术设计的效果，所以设计师可以利用各种手段去组织它，让它为室内空间的设计发挥最大的作用。

本项目从室内空间光环境的三个基本元素：光、介质和空间出发，分析这三个元素的基本概念及之间存在着的紧密联系，通过这一分析过程说明室内空间的光环境。

由于简约与繁复的审美追求一直存在于艺术设计的发展过程中，从来没有被遗忘，因此在室内光环境的设计中，它也得到了充分的体现。无论是简约还是繁复的光环境都与整个室内空间的主题一致。设计师通过对光环境的塑造，提升了室内空间的整体格调和氛围。

实现室内空间光环境的简约与繁复，要通过对光影变化和光色变化的把握来实现。简约和繁复都有独立的设计原则。在这样的设计原则下，可以将室内空间的光环境设计做到和谐统一，为室内空间设计增光添彩。简约和繁复的光环境是普遍存在的，在各种各样的空间中都发挥着作用，小到一个橱窗、一个家居空间的角落，大到博物馆、歌剧院等大型建筑空间。在各个空间扮演的角色也是各不相同的，这一点说明了简约和繁复的光环境在室内空间中具有重要的作用。

最后剖析简约光环境和繁复光环境之间相互关系，以及对室内空间的影响。简约光环境和繁复光环境是一对矛盾体，没有绝对意义上的简约，也没有绝对意义上的繁复，简约光环境通过添加和发展可以转变成为繁复光环境，繁复光环境通过精简可以转化为简约光环境，两者之间存在着紧密的联系。通过它们之间的相互关系可以塑造起伏转折的室内空间，也可以营造不同的室内空间氛围。

邱春瑞

台湾大易国际设计事业有限公司、

邱春瑞设计师事务所

HKASP | 先锋空间:

请就本案具体谈谈怎样做到情景交融?

金泰来名车茗茶坊，是一家高档洗车的会所，在洗车之余，客户可以在会所里面进行短时间的休憩。设计之初，设计师并没有做成“古色古香”的中式感觉，进入会所，会有一种豁然开朗的感觉，映入眼帘的是一种“小桥流水人家”的惬意之美，荷花、水、圆润的石头、小桥，似乎游走在苏州园林之中，配合那优美的古筝旋律和定神的幽香，闭上眼睛，仿佛进入了自己幻想的那般景象，忘记了尘世的忙碌和焦虑。会所以茶为主题，除了在这里能够清洗自己的爱车，客户还能品到上等的茶，让浮躁的心融化在梦一般的美妙之中。

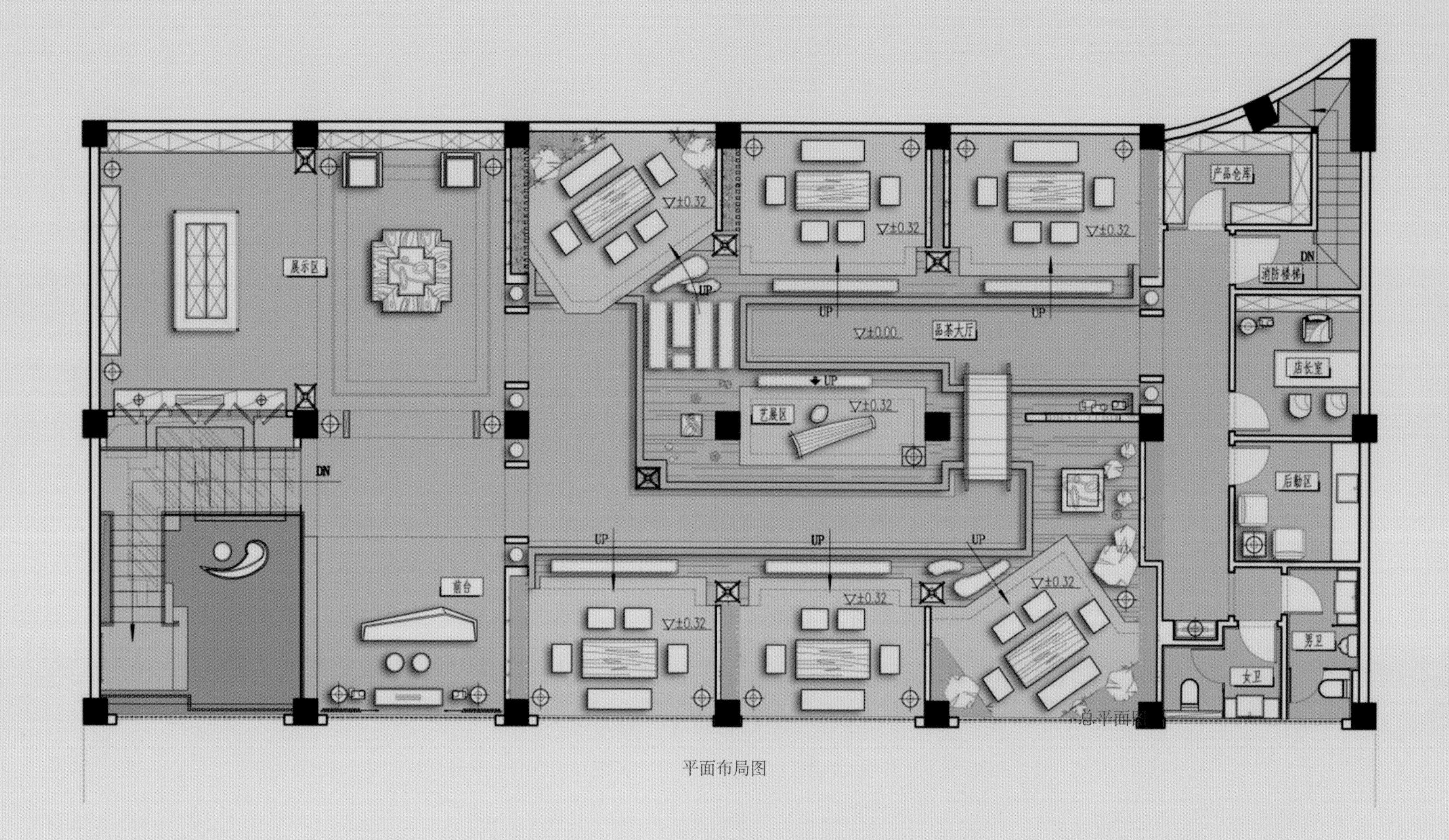

平面布局图

设计理念

"茶者，南方之嘉木也。"语出《茶经》。如今，江南茶馆如雨后春笋般出现，繁华的都市中，人们需要一个宁静的寄托物，茶则是最好的选择。茶道被看作是一种高雅的文化品位，茶坊可以满足人们审美欣赏、社会交流、养生保健等高层次的精神需要。茗茶坊是爱茶者的乐园，也是人们休息、消遣和交际的场所。

材料运用

本案将中国传统元素和粗犷材质相结合，把中国的文化更加深层次地展现出来。在传统的茶馆风格中，增加多种自然元素，采用原汁原味的石头、自然木材等工艺材料，让人的心境直接回到纯朴的年代。流水的夸张设计，不仅是美的视觉冲击，更是艺术形式的展现。与之相呼应的是小桥与石路设计，石材的整块运用，浑厚有力。国画的风采、水景的优雅、木格栅的朴素，古典造型元素与现代材质完美结合，使整个设计氛围介于形神之间、若隐若现，将本案的魅力发挥得淋漓尽致。

“荷”元素的运用

荷花、荷叶以其纯洁、素雅、出淤泥而不染的品质，历来为文人墨客所称颂。茶馆正是对荷叶元素的合理运用，使人们在用餐时仿佛置身于一片荷塘之中。翠绿的荷叶、粉红的荷花、淡淡的荷香使人们心情舒畅。茶馆内的小木桥，桥下流水潺潺，荷叶随着水流不断摆动，荷花的清香扑鼻而来，仿佛置身于荷花的梦境之中，让人的心情立刻变得舒畅起来。在喧闹的都市中构筑一隅清香、情趣之地，琴音鸟鸣、水榭亭台、诗情画意，为客人提供一份静如止水、美轮美奂的休闲。瑟瑟的古筝、涓涓的流水，再配以荷花、荷叶，给人带来一片安宁、祥和的意境。

软装设计

设计师利用艺术吊顶将顶棚凹凸不平的缺陷化为与整个风格融为一体的木饰面，营造出极富中国浪漫情调的生活空间。红木、青花瓷、紫砂茶壶及一些红木工艺品等都体现了浓郁的东方之美。带有现代中式纹样的吊灯，跟暖色的射灯互相搭配照明，柜子里的暗藏灯把艺术陶瓷品映照得让人留流忘返。夜幕降临之际，泡一杯禅茶静静享用，这就是我们的设计初衷。

四序茶會
東方美人頌

東方美人頌
The Song of Oriental Beauty
東方美人頌詮釋了東方美人的風華韻味，展現清閒貞靜，優遊從容的情操與教養，並象徵著成長的喜悅，往日的情懷及未來的憧憬。
四序茶會是一種契合四季時序，體悟天地之德，仁民愛物的茶會，以茶道來詮釋大自然圓融的韻律，秩序與天地的生機。
禪
身是菩提树，心如明镜台。
时时勤拂拭，莫使惹尘埃。

XI'AN CROWNE PLAZA HIGH-END CLUB

西安皇冠假日顶级会所

设计公司：深圳市同心同盟装饰设计有限公司 / 主设计师：陈伟文 / 地点：陕西省西安市 / 面积：4350 平方米
主要材料：大理石

项目概况

西安，古称长安、京兆，举世闻名的世界四大古都之一，是中华文明的发祥地，中华文化的杰出代表，地处中国大陆版图中心和我国中西部两大经济区域的结合处，是西北通往西南、中原、华东和华北的门户和交通枢纽。着眼西安历史与文化，而凝聚它的设计气质，为这处六星级会所奠定了的基调。

独家专访

深圳市同心同盟装饰设计有限公司

HKASP | 先锋空间：

作为西安先秦盛唐古都西安的一处顶级会所，设计师也为这一空间赋予了许多传统元素，请就本案的元素运用具体谈谈。

古都西安，给人的第一印象则是盛唐风采。我们对西安历史文化做过调查后，决定以现代手法展现秦唐风采，赋予酒吧厚重的文化氛围。走出电梯，富丽堂皇的夹丝绢玻璃背景墙仿佛在诉说古都历史，丝绸之路既是西安的过去，也是古都的现在和未来。中西文化和经济交流的加强，亦反映在设计上，中国传统元素和现代设计手法相结合，奠定了会所的基调。造型新颖的中国风装饰柜，内壁雕刻中国典故的现代吊灯，承重柱也成为一幅幅手绘风景画，空间丰满如同盛装艳丽的大唐女子。

陈伟文
深圳市同心同盟装饰设计有限公司
创始人

HKASP | 先锋空间：

本案在色彩运用上也是亦古亦今，构筑出一个兼具时尚与人文气息的空间。请就本案的色彩运用具体谈谈。

为彰显古都皇族风范，打造富丽堂皇的第一观感，本案采用了金色与棕色作为主题色调。金黄色老虎玉配合时尚螺纹，大气奢华。深棕色木饰墙面的圆润、沉稳在拉丝铜条的牵引下多了几分硬朗，顶棚金箔衬出空间的透亮、高贵。包房则在中式唯美花鸟山水画的氛围中采用跳色突显个性，热情的大红、明亮的橘黄、典雅的淡粉、素净的米白、烂漫的天蓝、魅惑的酒红，增添了每个独立空间的蓬勃生气。

B&G51

设计理念

整个会所设计汲取当地文化元素，运用现代设计手法，使得室内和室外相互映衬，营造出空间穿透力，加之个性的点缀，展现用户的生活品位和生活质感。让客人充分体验会所的质感，穿透于空间之中，穿透于风韵之中，穿透于主客盛情之中，美轮美奂。在会所的每个角落均可感受到秦唐一室的贵族韵调。一拨一弄，举手投足，空气中弥漫着高贵、曼妙的气息，在此情境之下，整个会所散发着深刻的韵味，同时又不乏活力。

设计元素

自大秦时代到大唐盛世，钟鼓楼、大雁塔、秦始皇陵兵马俑、秦岭、华清池、碑林、大明宫等西安的设计元素丰富多样，搜集并重组这些设计元素，为这处六星级会所所用。大秦稳重、简明的空间结构，盛唐丰满、富丽的装饰风韵，糅合现代、生动、舒适的陈设和材料，构筑出这一顶级会所空间。

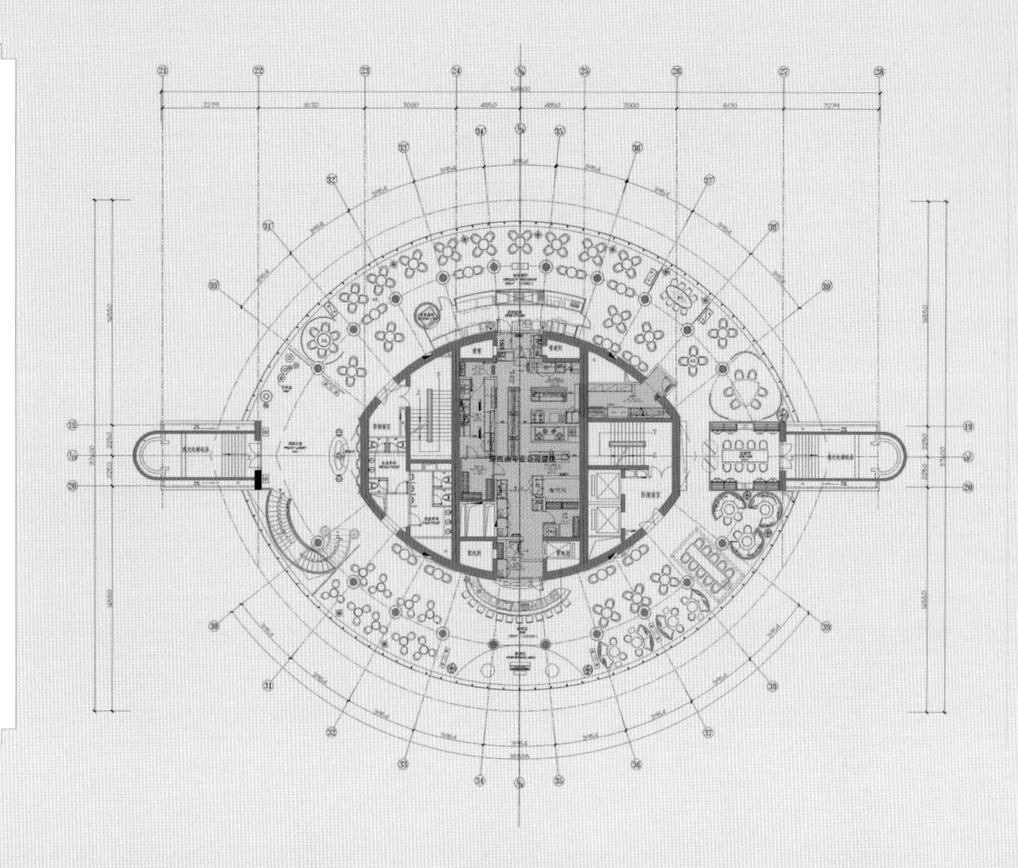

五十一层平面图

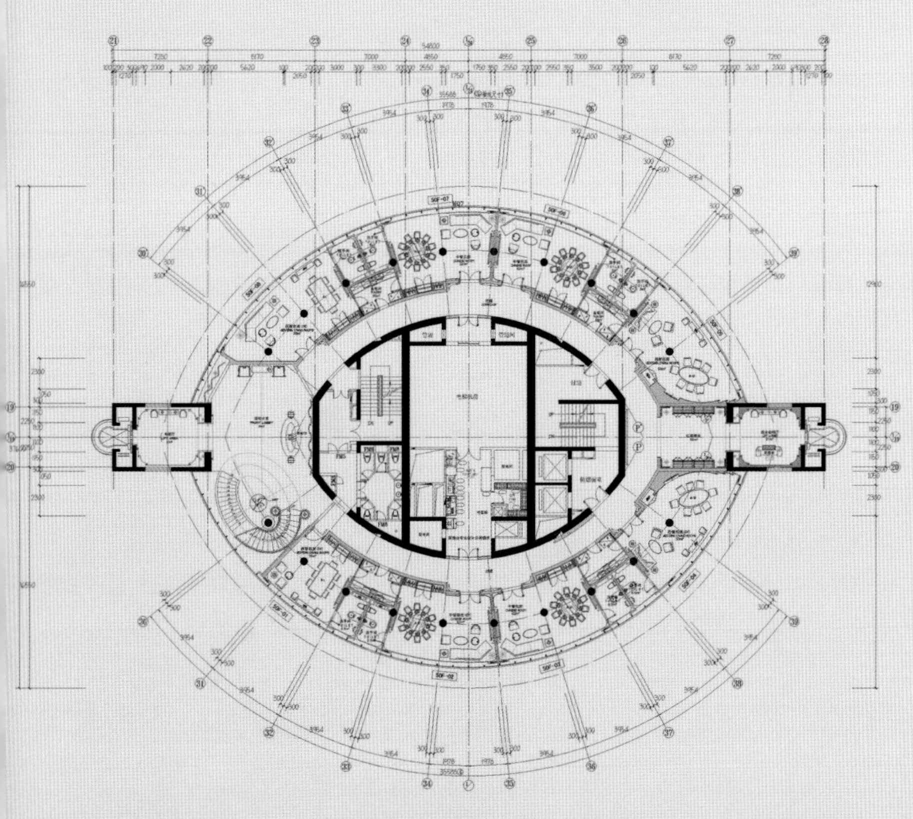

四十九层平面图

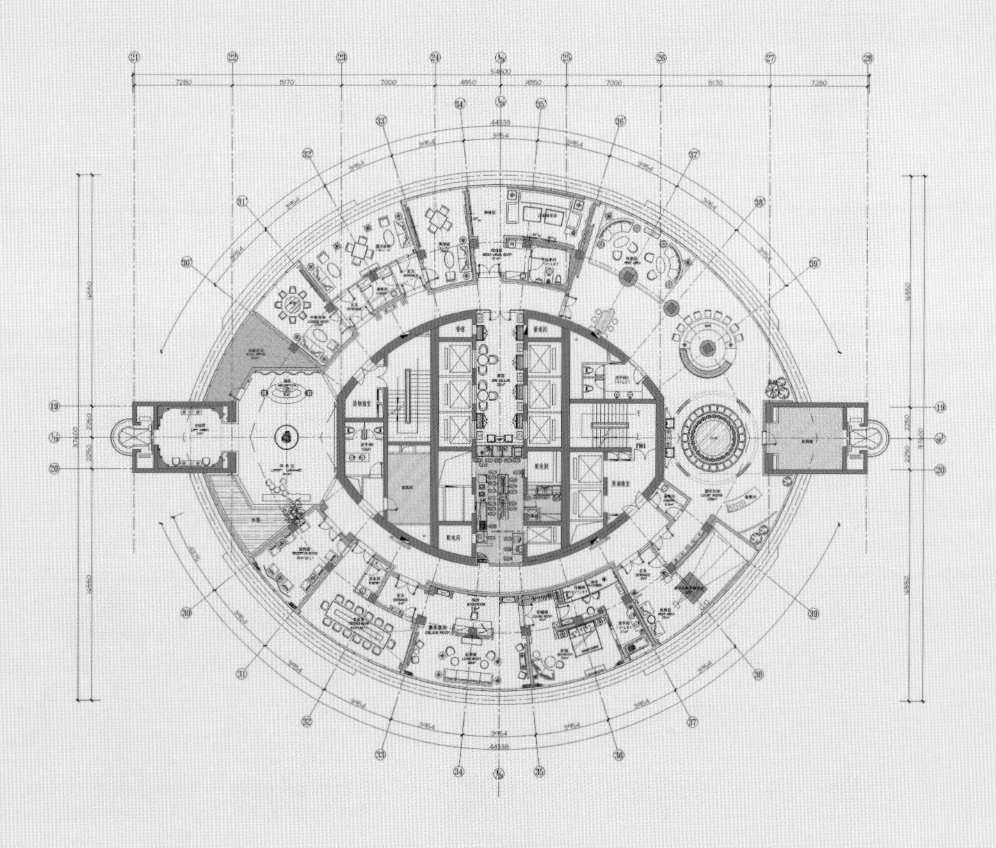

五十层平面图

B&G51

MR. LEE'S PRIVATE CLUB

李公馆私人会所

设计公司：ROC 国际设计机构 / 主设计师：胡凌鹏 / 地点：湖南省长沙市 / 面积：1800 平方米
摄影师：ROC 国际设计机构 / 主要材料：青石、原木、铜雕、青砖

设计理念

长沙是国家历史文化名城，是著名的山水洲城，而推动着城市经济文化发展的湘商，从古至今都是中国经济发展的中坚之一。固然“会所”这篇有如诗画般的画卷，所阐述的不仅仅是这些湘商的文化底蕴和修养，更是对当地文化的传承与弘扬，以及对这片故土的热情颂扬。

元素运用

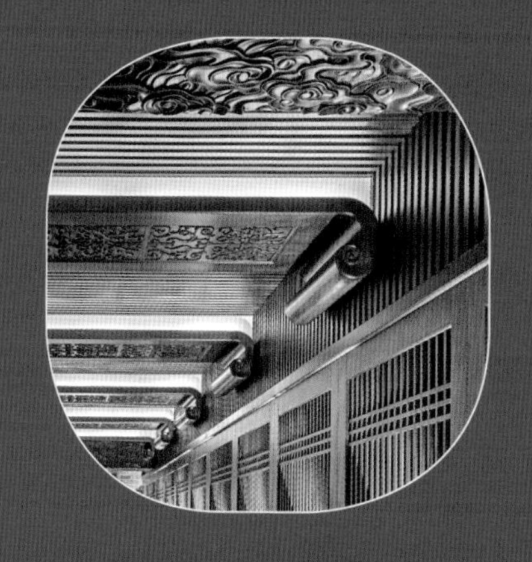

大厅将楚汉的建筑特色运用到室内，再与鎏金、浮雕图腾等工艺作为呼应，营造出一个气宇非凡的文化宫殿。透过藏品青铜器、瓷器、石鼓、红木家具与灯光的氛围烘托，赋予这个文化宫殿新的生命力。餐桌为整片原木的休闲吧台，有着一份对生命的敬畏和独特的舒适感。有意思的是原木吧台的一端穿过窗景，就是这般慧心的巧思将其与窗景一端的水景紧密地串联起来，诠释着动静相宜的空间氛围，使人心旷神怡、流连忘返。

空间布局

宴会厅的建筑结构虽然狭长，但在这里，设计师将缺点进行巧妙转化，通过墙面虚实相生的手法与顶面的原木梯形造型，营造出震撼人心的视觉效果。顶面排列的井然有序的灯孕育着暖黄色的灯光，眼前似有享不尽的珍馐美馔一般。设计师别出心裁地在主人位后方采用园林框景艺术手法做背景，将空间延伸的同时也多了一份灵动，因材制宜制作的整片原木餐桌，让空间颇有一番民间长桌宴的美好愿景。其中连接洽谈室、书房、会议室等空间的过道，以艺术长廊的形式让人追寻着历史的脚步，惊叹着人类的经济文明与智慧。空间糅合了园林的造景、借景等手法，以及透过地面的鱼池来作为采光天井，打破地下室的沉闷。阳光被波光粼粼的水面反射到地面，轻轻地荡漾着、游弋着，表达了主人返璞归真、大隐于市的情怀。在这个写意的灵动空间里讲述的是像博物馆一般的灿烂文化。

福

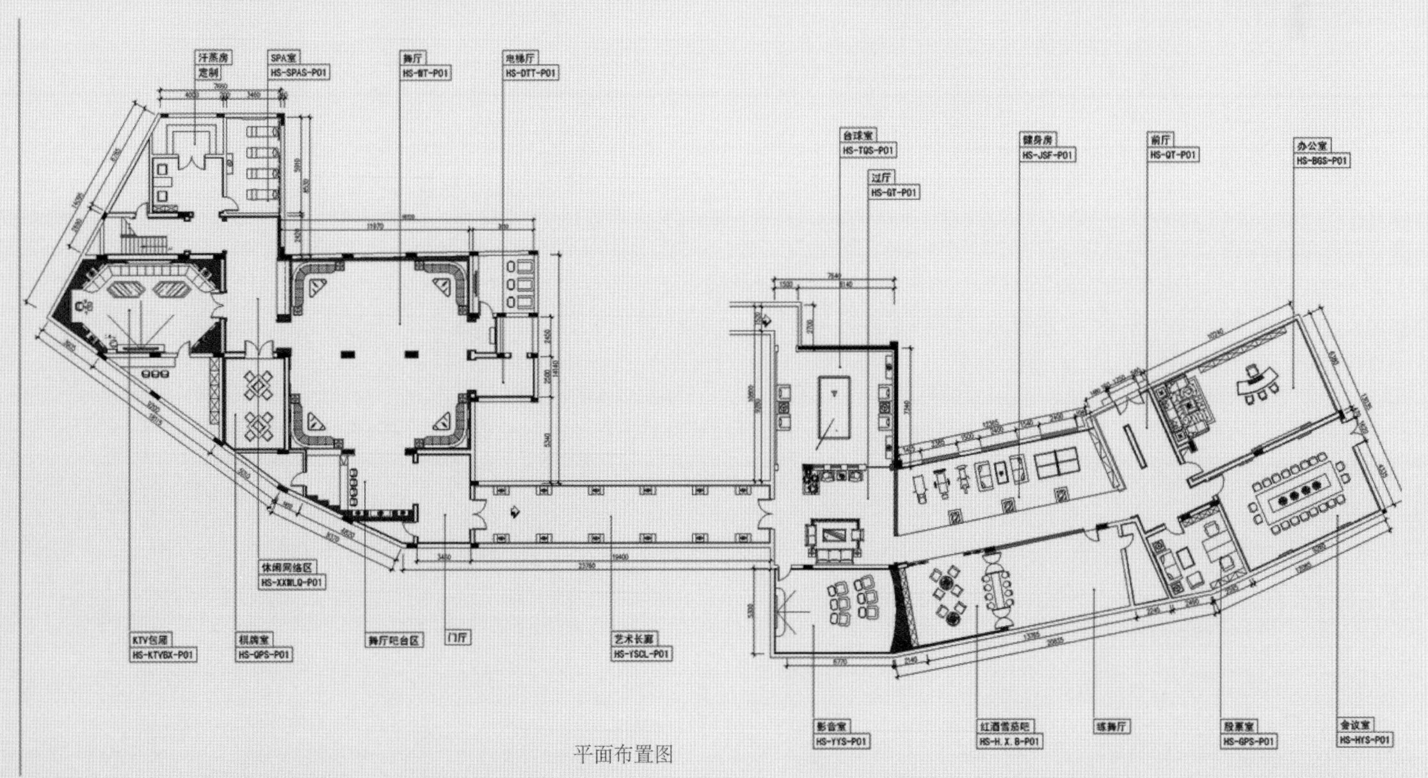

汗蒸房
定制
SPA室
HS-SPAS-P01
舞厅
电梯厅
HS-DTT-P01
台球室
HS-TQS-P01
过厅
HS-GT-P01
健身房
HS-JSF-P01
前厅
HS-QT-P01
办公室
HS-BGS-P01
休闲网络区
HS-XXWLQ-P01
KTV包房
HS-KTVBX-P01
棋牌室
HS-QPS-P01
舞厅吧台区
门厅
艺术长廊
HS-YSCL-P01
影音室
HS-YYS-P01
红酒雪茄吧
HS-H.X.B-P01
练舞厅
股票室
HS-GPS-P01
会议室
HS-HYS-P01

平面布置图

鸣谢

上海飞视装饰设计工程有限公司

上海飞视装饰设计工程有限公司成立于2006年，主要从事高端办公楼、商业空间、会所及地产售楼处、样板房设计。公司历经多年发展，优秀作品遍及全国。秉承设计上锐意、创新与服务上信守契约精神的宗旨，依托优秀的设计团队，不断为客户提供新颖、有创意的设计。公司秉承“细节成就完美，专业缔造经典”的设计理念，与各专业通力合作，共同创造完美的空间设计作品。

LSDCASA

LSDCASA乃LSD旗下的子品牌，由葛亚曦先生创立。总部位于深圳，在北京等地设有分公司及办事处。我们面向国内外开发商及私人客户，针对大型商业空间、会所、别墅、示范单位等，提供软装设计及顶级定制服务。此外，LSDCASA还依托强大的家居用品及艺术品采购渠道及网络，在世界范围内搭建起顶级家居品牌的整合平台。

HHD ｜假日东方国际设计机构

HHD假日东方国际是全球三大七星级酒店设计机构，是旅游度假村、奢华酒店、国际精品酒店的集团性设计机构。HHD假日东方国际由获美国加州政府奖、美国洛杉矶市长奖、美国国会授于荣誉奖状的华人设计师——洪忠轩先生创建，为大中华区提供了专业的室内设计及顾问服务，是国际顶级品牌酒店室内设计机构之一。HHD假日东方国际为全球客户提供综合的一体化设计服务和可行性方案，最顶端的设计理念，结合国际最尖端实用的技术工艺和技术指导。

上海禾易建筑设计有限公司

上海禾易建筑设计有限公司是在原上海HKG建筑设计咨询有限公司基础上改制而成的。2000年以中国上海为设计基地；2001年HKG上海办事处成立；2008年正式组建了合资公司；从2014年起，上海禾易与其共同奋斗的核心骨干成为共同的合伙人。加拿大HKG公司设计团队，仍是上海禾易的设计顾问及业务合作伙伴。上海禾易建筑设计有限公司在设计和管理上全方位地为各方客户提供极具创意的设计及全面的项目控制管理，力图使每个项目都做到尽善尽美。多年来，其更拥有了室内设计甲级资质（兼总承包资质），具备了全过程EPC能力。

姜峰

姜峰先生担任J&A姜峰室内设计有限公司总经理、总设计师，教授级高级建筑师、国务院特殊津贴专家；现任中国建筑学会室内设计分会副理事长、中国建筑装饰协会设计委副主任。姜先生曾先后获得中国室内设计功勋奖、中国酒店设计领军人物、终身艺术设计成就奖等奖项及荣誉。

刘波

刘波，PLD 刘波设计顾问有限公司创始人兼董事长，现任深圳室内设计师协会会长、中国室内设计行业领军人物。他乐于在设计专业领域里探索求新，擅长处理复杂的内部空间，在东方与西方、古代与现代、时尚与经典之间自由通行，并且以此作为团队和个人的追求目标。PLD 刘波设计顾问有限公司将一如既往地坚持提供内容充实、充满智慧，体现东方特色与西方优势结合的精巧设计作品，以及坚持的理想——构筑实用、自然、完美的空间，致力于研究室内设计的独立和原创。

高文安设计有限公司

高文安，香港资深高级室内设计师、英国皇家建筑师学院院士，被誉为“香港室内设计之父”。高文安设计有限公司 1976 年创办于香港，在短短 30 年间发展成为一家超过 200 人，且在香港极负盛名的室内设计公司。公司一贯专注从事专业室内设计工作，完成工程超过 3 000 项，承办大型装潢项目数不胜数，并且获得外界及媒体的一致好评。此外，高文安还开设精品店，在世界各地搜罗有文化、有品位的家具、摆件等。他贯彻中国文化的风格，将热爱中国文化的心与设计合为一体，将创新色彩的中国风、中国潮流带进国际视野。

李鹰

李鹰先生，赫斯贝德纳董事合伙人兼赫室中国主事人，在室内设计领域拥有 20 余年的工作经验。1994 年，他在中央工艺美术学院（现“清华大学美术学院”）获得文学学士学位；2002 年，他在美国弗吉尼亚联邦大学获得艺术硕士学位。之后，他带着多样化和国际化的设计理念加入赫斯贝德纳旧金山办公室。

2010 年，李鹰先生回到中国，在上海开始运营并发展赫斯贝德纳全新概念的子品牌赫室。四年后，他领导的赫室上海办公室作为赫室品牌位于中国的总部已经迅速成长为赫斯贝德纳全球第四大设计办公室，并且分别在中国地区创立了赫室北京及赫室广州办公室。

台湾大易国际 · 邱春瑞设计师事务所

台湾大易国际 · 邱春瑞设计师事务所由台湾著名设计师邱春瑞先生创立，自 2005 年创办之日起，一直竭力为房地产开发商和酒店投资开发商打造精品商业建筑空间设计方案。“为每一个志同道合的业主量身定做来设计”准确地诠释了大易在设计事业上矢志不渝的追求和对每一位客户负责任的承诺。

大易的设计业务涵盖酒店、销售中心、定制别墅、样板间、会所、公共空间及小型建筑。期间，大易迅速地把公司的影响力扩展到了全国各地一、二线城市，如北京、上海、深圳及三亚等地。时至今日，先后为全国范围内著名的房地产开发商成功地提供了建筑室内设计及顾问服务支持，充分得到了中信集团、合正地产、招商地产、深房集团等地产投资公司的一致好评和信赖。

---

matrix

深圳矩阵纵横室内设计公司

矩阵纵横是一家于 2010 年新成立的以提供高端设计服务为目的的设计公司，团队主创人员皆有多年服务于国内知名房地产开发公司的工作经验。尽管公司成立仅五年，但凭借出众的专业能力及团队合作精神，我们已与客户建立了长期稳定、相互信任、共同发展的合作伙伴关系。矩阵纵横将始终致力于为客户提供最专业、最高端、最能满足其需求的设计服务。

陈振东

陈振东先生为深圳市室内设计协会理事，拥有十多年的室内设计经验，凭借香港和大陆丰富的人际关系，使他能够很好地了解客户的各种需求，从而提出最理想的解决方案。在 2012 年至 2013 年间，荣获“中外酒店白金奖十大品牌酒店设计师荣誉”、“第二届亚太酒店设计协会年会——亚太酒店十大新锐人物奖”和“2012 年度艾特奖酒店设计奖”。作为公司的创意团队负责人，陈振东凭借丰富的经验，优秀的酒店服务，以及团队的努力取得了较大的成功。

周易

1989 年　创立 JOY 室内设计工作室
1995 年　创立 JOY 概念建筑工作室

2012 金指环设计大奖
2013 金外滩奖

设计理念：
以庄子“至大无外，至小无内”的哲学思想赋予空间无限想象
日本建筑家安滕忠雄的建筑美学四大元素：风、光、水、绿

牧桓建筑 + 灯光设计顾问公司

牧桓建筑 + 灯光设计顾问公司由赵牧桓（ Hank M. Chao ）先生于 1997 年成立，公司团队由多名建筑师和室内设计师组成，在各类评比中屡获殊荣。如今，公司已发展成为一个跨国际的设计领域平台，于台北、上海及东京等地拥有多个分支机构；公司的设计作品也受到来自德国、西班牙、美国、日本、澳大利亚、中国大陆和台湾地区等诸多设计媒体的广泛肯定及大幅刊载。

福建国广一叶建筑装饰设计工程有限公司

福建国广一叶建筑装饰设计工程有限公司成立于 1996 年，连续 18 年在高端家装设计及公装设计业绩方面在福建省同行业中处于前列。经过多年发展，本公司已形成设计与施工良性互动、公装和家装并驾齐驱的发展格局，在亚太赛、国家赛、省赛、市赛等诸多大赛中荣获千余项大奖。公司屡获“全国十佳设计机构”称号，是福建省著名商标、福建省企业知名字号，同时还是福建省建筑装饰行业协会会长单位，在行业内享誉一方。

李益中

李益中空间设计有限公司是一家具有策略、思维及追求空间气质的优秀设计公司，其作品现代、简洁又不失丰富和韵味。公司的设计总监李益中为意大利米兰理工大学设计管理硕士、中国建筑学会室内设计分会（全国）理事、深圳大学艺术学院客座教授等。公司主张理性、科学的设计方法，讲究设计策略，善于解决问题，又注重塑造作品的气质。深圳总公司设计人员 60 余人，并在成都设立分公司，旗下还设有“都市上逸”住宅设计有限公司，提供高端私宅定制的设计服务。

王奕文

王奕文，和合堂设计品牌创始人兼设计总监、蓝犀装饰公司设计总监、瑞格博建筑室内设计公司总经理。其拥有十余年的酒店及商场规划经验，先后参与主持天津泰达广场、深圳柏林诺富特酒店等大型项目。近年来致力于商业空间、餐厅等精品空间的顾问工作。近期作品、文章多次在美国 INTERIOR DESIGN、ID+C 等业内权威杂志及书籍上发表。于 2012 年上海国际室内设计节“金外滩奖”中荣获“最佳餐厨空间奖”及“最佳商业空间奖”，2013 年荣获“第六届中国十大配饰设计师”称号，2014 年度荣获“金堂奖”的“优秀餐饮空间设计奖”。

深圳市同心同盟装饰设计有限公司

深圳市同心同盟装饰设计有限公司是一家专业为品牌酒店和高档商业地产提供室内装饰设计及提供陈设艺术设计及顾问、艺术品创作等配套解决方案的设计公司，并以设计前沿理念、新技术工艺、地理位置和开放性姿态持续突破美学极限，使项目更加灵性、亲和及独特。直属机构陈伟文设计事务所为客户提供完整的设计服务，涵盖概念规划阶段与实施。公司产品以综合性、创新性和专业性见长，能够满足室内外陈设的各种需求，根据建筑风格、地域文化、空间环境设计、空间用途及艺术品本身进行综合性创作。公司以“创造时尚的生活文化”为使命，以“新颖独特的设计、高品质的产品、诚实真切的服务”为宗旨服务于客户。

葵美树环境艺术设计有限公司

葵美树环境艺术设计有限公司成立于2003年10月，系日本独资公司，专业从事酒店、餐饮、会所类商业空间的建筑设计、室内设计、景观设计。11年来服务过国内诸多知名企业，被评为“中国商业设计50强”。公司的设计总监彭宇，早期毕业于日本国立千叶大学都市环境系统学科，获硕士学位。他曾主持过诸如凯宾斯基、俏江南、小南国等知名企业的商业项目设计，并获美国室内设计杂志INTERIOR DESIGN 2011年度TOP 10荣誉。葵美树设计公司作品入选《2009中国商业空间室内设计50强》《宴遇东方1》《宴遇东方2》《宴遇东方3》《醉东方》等书刊。

ROC国际设计机构

1994年，胡凌鹏老师在台湾创建台湾ROC国际设计机构。为了使ROC不断地成长壮大并拓展海外市场，2006年首站登陆湖南省长沙市，组建优秀的团队进入内地高端设计市场。2007年横跨迈向上海国际大都市，尽展身姿，面对不同挑战。2011年强势攻占北京公装设计市场。2013年ROC团队集团重点开发合肥顶端客户群体，融合徽派建筑风格的风水理念，独树一帜。2014年在设计之都深圳成立分公司。现已筹备2016年西部大开发，计划完成国内五大布局，辐射全中国，打造中国大陆及台湾设计行业第一品牌。

特别感谢以上设计师与设计公司的一贯支持，并为本书提供优秀的作品。
如有任何建议或投稿，请联系 :2823465901@qq.com
QQ :2823465901
www.hkaspress.com

图书在版编目（CIP）数据

奢华精神　东方儒雅 / 先锋空间编 . －武汉 : 华中科技大学出版社 , 2015.10

ISBN 978-7-5680-1121-1

Ⅰ . ①奢… Ⅱ . ①先… Ⅲ . ①室内装饰设计 Ⅳ . ① TU238

中国版本图书馆 CIP 数据核字 (2015) 第 179745 号

奢华精神　东方儒雅

先锋空间 编

出版发行：华中科技大学出版社（中国 · 武汉）

地　　址：武汉市武昌珞喻路 1037 号（邮编：430074）

出 版 人：阮海洪

责任编辑：曾　晟

责任校对：吴亚兰

责任监印：秦　英

装帧设计：廖爱霞

印　　刷：深圳市新视线印务有限公司

开　　本：889 mm×1194 mm　1/12

印　　张：26

字　　数：156 千字

版　　次：2015 年 10 月第 1 版第 1 次印刷

定　　价：398.00 元 (USD 69.99)

投稿热线：(010)64155588-8000

本书若有印装质量问题，请向出版社营销中心调换

全国免费服务热线：400-6679-118　竭诚为您服务